U0150604

刘鸿典（1905—1995）

— 建大学术文丛 —

刘鸿典学术文集

刘鸿典 著

科 学 出 版 社

北 京

内 容 简 介

本书收录了我国著名建筑教育家、建筑设计大师刘鸿典先生一生的文章、绘画及设计作品，很多内容都是首次面世。刘鸿典先生是中国第二代建筑师的代表人物之一，是“建筑四杰”的直系传人，一生中设计了很多优秀建筑作品，书中内容完整、真实地反映了刘先生的治学理念、治学水平与建筑设计思想。

本书适合城乡规划学、建筑学和风景园林学等领域的专业人员以及高等院校相关专业的师生阅读参考，也可供对城市、建筑、园林感兴趣的爱好者阅读。

图书在版编目（CIP）数据

刘鸿典学术文集 / 刘鸿典著．—北京：科学出版社，2020.7

（建大学术文丛）

ISBN 978-7-03-062180-1

Ⅰ. ①刘…　Ⅱ. ①刘…　Ⅲ. 建筑学－文集　Ⅳ. ① TU-53

中国版本图书馆 CIP 数据核字（2019）第 182313 号

责任编辑：吴书雷 / 责任校对：邹慧卿

责任印制：肖　兴 / 封面设计：张　放

科 学 出 版 社 出版

北京东黄城根北街 16 号

邮政编码：100717

http://www.sciencep.com

中国科学院印刷厂印刷

科学出版社发行　各地新华书店经销

*

2020年7月第　一　版　开本：889 × 1194　1/16

2020年7月第一次印刷　印张：9 3/4　插页：24

字数：335 000

定价：258.00元

（如有印装质量问题，我社负责调换）

“建大学术文丛”编纂委员会

“建大学术文丛”主编人员

总　　序

“所谓大学者，非谓有大楼之谓也，有大师之谓也。”学术大师是大学精神的传承者和捍卫者，而大学精神是一所高校办学数十年乃至上百年之积淀精华所在，是其最核心和最宝贵的无形财富。

薪火相传，学脉深厚。西安建筑科技大学办学历史最早可追溯至创办于1895年的天津北洋西学学堂，1956年在全国第三次高等院校院系调整时由东北工学院建筑系，西北工学院土木系，青岛工学院土木系和苏南工业专科学校土木科、建筑科合并而成，时名西安建筑工程学院，曾先后更名为西安冶金学院、西安冶金建筑学院，至今已有六十余年的并校历史。学校积淀了我国高等教育史上最早的一批土木、建筑、市政类学科精华。在不同历史时期都涌现出在学术研究领域贡献卓著的学术大师，他们为营造“爱国奉献、严谨求实、迎难而上”的建大学术文化做出了杰出贡献，在具体的教学、科研过程中也创造了不少优秀的学术成果，撰写了大量具有重要影响力的学术论文和著作，这些都已载入史册，其中很多内容于今天看来仍具有很高的科学性和前瞻性，对后辈学人进行同领域研究实践具有很好的启迪和指导作用，丰硕的成果和论著更体现了学校老一辈学人的拳拳爱国之心与报国之志。

自2011年开始，学校对办学历史上知名教授的学术成果与研究论著陆续进行认真整理，将其中内容分类选辑作为学术文丛陆续付梓出版，这对于弘扬大学精神、发掘学术积淀、继承科学传统，激励学校师生在治学与研究的道路上承古开新具有十分重要的意义。

是为序。

党委书记　苏三庆

西安建筑科技大学

校　　长　刘晓君

2018年5月

目　录

总序

学术研究

建筑设计渲染基本原理……3
中国大百科全书市政厅条目……10
区域规划与经济区划、国土规划的关系……13
对解决城市型住宅西晒问题的探讨……15
工业建筑……32
西安城建协会举办40年建筑工作表彰会发言稿……90
建筑中定型化和统一化的发展……92

文　章

决心做好本学期的工作……97
联系实际贯彻落实好教学计划和教学大纲……99
对建筑理论基本问题的探讨……102
清华贺信……110
诗词格律……111
翰墨寄情　励志增寿——记刘鸿典教授的业余生活……137
粗布青衫寸寸心……138
附录一　刘鸿典传……140
附录二　刘鸿典简历……142
后记……144

图 版 目 录

图版一～图版六　作品集 / 线稿

图版七～图版一六　作品集 / 色彩画

图版一七～图版一九　作品集 / 写生

图版二〇～图版二三　作品集 / 草图

图版二四～图版二五　作品集 / 建筑实例

图版二六～图版三七　市政厅建筑资料笔记

图版三八～图版四四　《中国大百科全书 · 建筑学》“建筑设计条目 · 市政厅”手稿

图版四五～图版四六　书法手稿

学术研究

建筑设计渲染基本原理

一、渲染图的目的和要求

建筑设计的渲染，是利用带有艺术性的绘画方法，把设计图画成为更能具有立体感和直观的形象，这样就便于进一步推敲设计的效果，或者是为征求意见，或向有关领导机构上报审批之用，有时为了工程建设的展览更需要绘制渲染图，这就是渲染图的目的。

由于建筑渲染图它更能形象地、直观地表达建筑设计的意图和特点，这就要求在绘画中必须注意以下两点：①必须尽可能地忠于原设计；②尽可能地符合工程建成后的实际效果。因此，在作建筑渲染时，不能带有主观随意性；也不能离开设计意图用写意的方法来表现对象。

但是，建筑渲染作为一种表现技法，也同其他绘画（例如素描、水彩画）一样，还是应当比现实的东西更集中、更典型、更概括。所以，我们可以这样说："建筑渲染"。

二、建筑体型的表现

作为学生开始练习渲染，一般都是用画投影图来渲染，这就要求把一个平面的设有空间感的正投影图渲染成为具有立体感、具有一定的直观感的建筑形象。为了达到这个目的，首先是把各个体部的层次给分辨出来，而且要使重点突出。在画的次序上，先分大面，其次是描绘小面，也就是各个细部，如门、窗、挑 、栏杆以及出进的线脚等等。这种表现层次的方法，主要利用光、影和明暗的关系，一般来说是近亮远暗、近实远虚，所谓实就是明暗对比要强些，虚就是明暗对比要弱些，使之模糊些。一般在渲染中总是把主体部分或是入口处作为重点来处理（风黑板的例图）。

三、对画阴影的要求

在渲染前，首先分辨出受光面和背光面。在受光面要根据光线45°的投射角用较硬的铅笔画出各个部分的影子，在影子中的体部或背光面上要画出反影。

渲染步骤分述如下五点：

① 在影子画完后，首先进行分面渲染。为了分出体部层次的要求，把受光面按照远近虚实不同的要求，有的部分更亮一些，有的部分稍暗些，这种明暗变化，虽不如光与影之间的对比那样强烈，但对于表现建筑物的形体转折却起着显著的作用。历史性，在渲染中既要划分出受光面和背光面，也要区分出建筑物受光面上的明暗变化。这种明暗渲染要达到什么程度，要结合整个楞面色调

的协调来确定。因此，在开始渲染时，色调要浅些，留有调整的余地。

② 对有斜屋面的建筑，在分面渲染时也应敷一层底色。

③ 其次是把玻璃门、窗敷一层较淡的底色，以便进一步着深色时留出玻璃反光或窗帘。

④ 渲染大面影子。影子的色调一般是建筑物上的色调最深的部分，投在玻璃上的大片影子也可比在墙面上的影子淡些，表示材料的反光作用。凡是大片影子要画深活一些，避免呆板，这就要求采用退晕的渲染方法。可以一次画成，也可分两次画，但避免层次太多，否则也容易显得呆板。退晕就是一种明暗的变化，是表现光感的重要手段，画时要精心细作，不可粗心大意，这对于画面的好坏起着决定性的作用。

⑤ 渲染中间色。当大片影子基本定下来后，结合部分多面的淡色，整个画面的色调一深一淡基本也就定下来了，这时可进一步渲染中间色。中间色多半利用在画门、窗玻璃、斜屋面和虎皮石墙等处。

具有中间色的部位画完后，继之就要画各个局部的小影子和在影子中的反影。

四、材料质感的表现

在建筑渲染中把不同质地的材料表现出来，这对建筑物的真实感有着直接的关系，但对利用水墨单色来渲染要达到这个要求是有局限性的，不过对常用的一些材料有不同的画法和不同的色调还是可以表现的。例如：

砖墙——可用留砖缝的办法来表现，在色调上也要比抹皮墙面深些（图 1）。

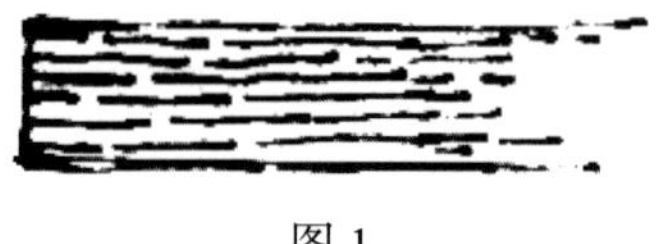

图 1

石墙——留出石缝，分成各种长条石、光面磨皮石和大小不等的天然块石，在色调方面要比砖墙浅些（图 2、图 3）。

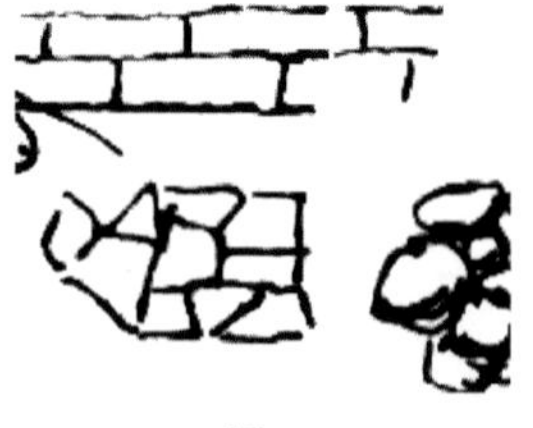

图 2

水泥抹灰墙面——水泥墙面本身就是淡些，加上平面反光那就更显得淡些，所以水泥抹灰墙面在色调上应比砖墙都要淡些，如果是白水泥（用在檐口、线脚或栏杆等处）那就更淡些，几乎是全白的。

玻璃窗——玻璃本身透明而且反光性强，最简单的办法是留出反光，如果是大房间两面的窗能相对看见，这时可把玻璃窗除影子外全部留出白的（图 3）。

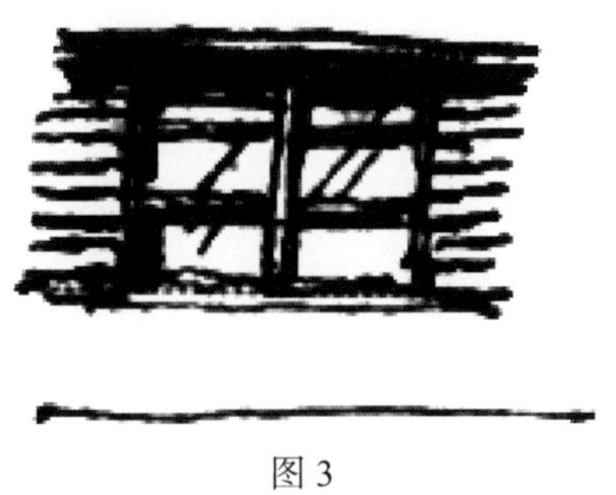

图 3

平瓦屋面——斜屋面比垂直的墙面受光较强，瓦的颜色又是较深，既要表现瓦的质感用较深的颜色，但也不要把屋面画得过于呆板，一般是先敷一层底色，然后用较均匀的水平宽线条画出概括的瓦形，在色调上采用退晕的方法，这样画的效果就比较生动些（图 4）。

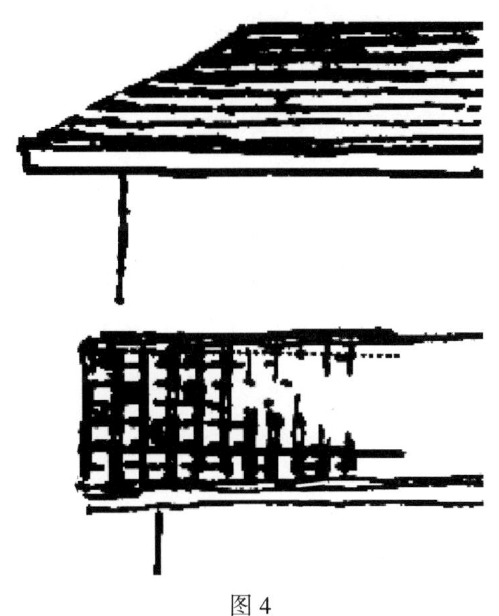

图 4

五、关于配景的设计

建筑渲染图中所描绘的，都应是处于真实环境中的建筑物，所以，除了准确地表现建筑物外，还要真实地表现建筑物所处的环境气氛。这就要求我们不仅要善于表现建筑形象，而且还要善于表现某些自然景物，例如天空、地面、树木、绿化、远山、近水以及周围的建筑物等等。

建筑渲染图不同于一般的风景画，在任何情况下，都应当突出建筑物，以建筑物为主体。描绘环境的目的是为了更好地陪衬建筑物，使建筑物更真实、更突出，这就要求有主有次，主次关系要恰如其分。

为妥善地处理好配景，应考虑以下四点：

① 创造一种真实的环境气氛，使建筑物处在和谐的环境之中，从而给人以真实感。这在某种意义上讲，与舞台布景的作用颇有类似之处，所不同的是烘托的对象不同而已。

② 配景的设置要与建筑物的功能性质相一致。例如，住宅街坊要有宁静的气氛，工业生产性建筑应有紧张、热烈和欣欣向荣的气氛，园林建筑则应有美好的自然风景。

③ 充分利用配景来衬托建筑物的外轮廓，以突出建筑物一般是以深托浅，以浅衬深为原则。一般是用天、地、树木等等适当的配景来突出建筑物。

④ 尽可能反映地貌和地形，例如近水，靠水的建筑，原则是对于周围环境影响较大的一些景物，要作比较真实地描绘，以期尽量符合建筑物建成后的真实效果。

作配景的对象很多，除了自然景物外，还有人物、车辆，特别是人物还有反映尺度的效果。在这里必须指出，作配景的对象虽然很多，但具体到一张图上，则应择其主要的，不要罗列太多，多则就容易失去配景的意义。另外，建筑配景在画法上也和一般风景要不同，它要求图案性比较强，层次要少，有些东西如树或人物等，甚至只是一个轮廓剪影就够了。这不仅是因为画起来简便省事，而且更主要是为了防止喧宾夺主。因此，这种简略和朴实的画法及要求应当引起注意。

六、画面的构图问题

画面构图问题，就是如何组织好画面。首先就建筑物与纸面大小来讲应当合适，如果建筑物大而纸面太小，好像画面容纳不下主题，会给人以拥挤局促的感觉；反之，纸面太大，建筑物过小，也会使画面显得空旷而不紧凑，主题不突出（图 5）。还要考虑到建筑物在画面中的位置，过于居中可能有呆板的感觉，但也不宜太偏，一般来说应该稍偏一点，使建筑物的面——也就是主要入口处能有较大一点的空间比较合适（图 6）。

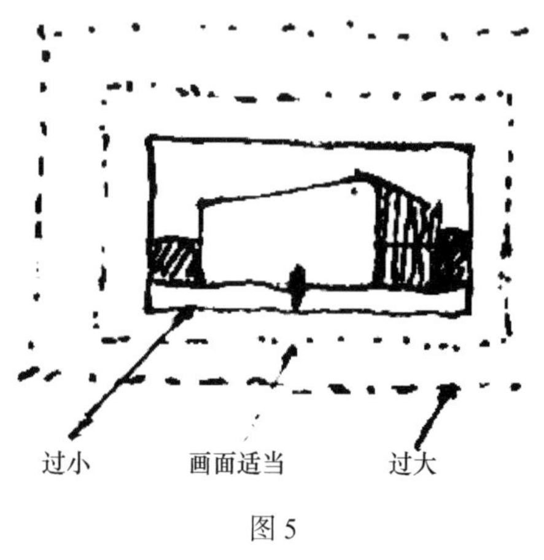

图 5

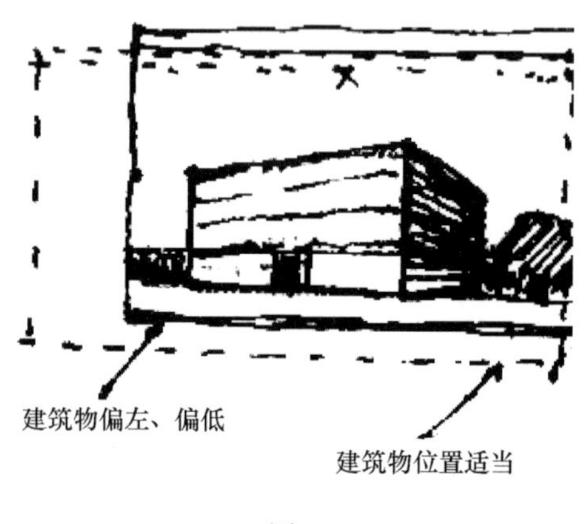

图 6

对于地平线的高度，在一般情况下，地面不宜过大，因为过大不仅不容易处理，而且会显得空旷、单调（图 7）。

配景的布置：

配景的布置与画面构图有着密切的联系，画配景原为衬托建筑物的需要，不能因为写实而把建筑物掩盖掉，例如沿马路的建筑，就不宜把原有的行道树统统画出，否则就可能把建筑物的一、二层楼全部被遮挡，所以画配景应有些取舍，只要把基本的环境能表现出来，就已经足够了。

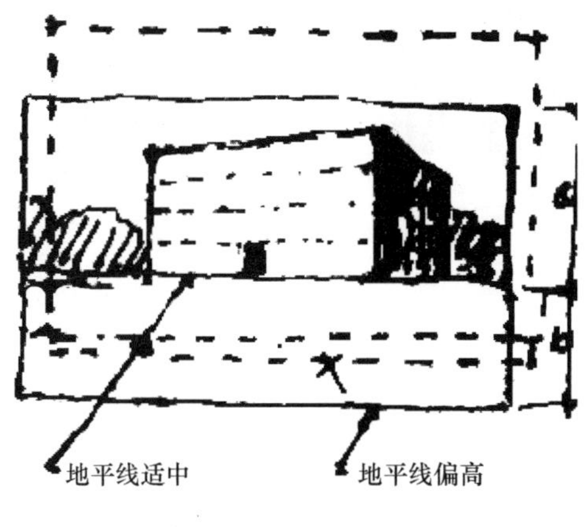

图 7

对画树的位置大小、开关都应很好地考虑。例如：若是在画面的中央画上一棵高树，将会把画面等分为两块，这就破坏了画面的完整性和统一性（图 8）。在不对称的构图画面上（图 9），如果在画面的两端画上两棵同样大小的树，也会使人感到呆板和过于对称，同样影响了画面的统一性。

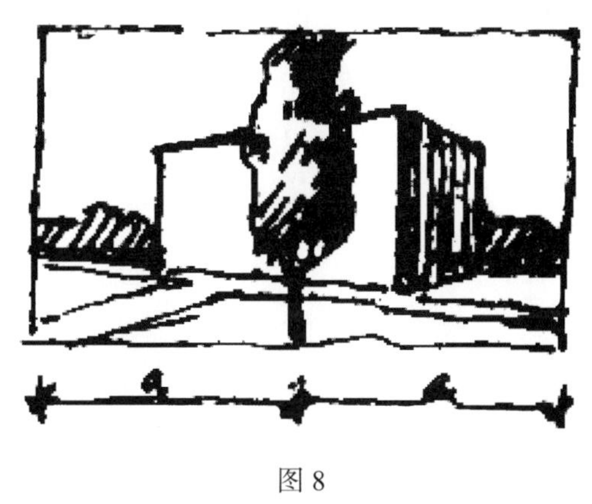

图 8

图 9

在布置配景时，要考虑整个画面的适当的平衡，例如就透视图或不对称的立面图，大体上都是近处大远处小，或一端大一端小，这样在画面的两端已经不平衡了（图 10），在这种情况下，如果在建筑物近端一侧再画一棵大树，会使画面两端的轻重更加悬殊，从而失去了平衡。

另外，还应使配景的轮廓线富有变化，以避免与建筑物以外轮廓相一致，否则，将会使人感到单调（图 11）。

以上主要是就建筑绘画的特点，来说明画面构图上应注意的一般性问题，但我们遇到不同的建筑形象，还要根据它的特点来作分析，不能机械地一律对待。

图 10

图 11

七、树 的 画 法

绿化是渲染中常用的配景，其中主要有树木和草地，草地画法一般采用平涂或退晕的方法，如果是较大的面积好可适当加树形和云形，以打破平淡的感觉，有时好可画几株灌木丛或花丛。树木的画法首先要掌握不同类型树木的枝干结构，大致归纳下列几种类型。

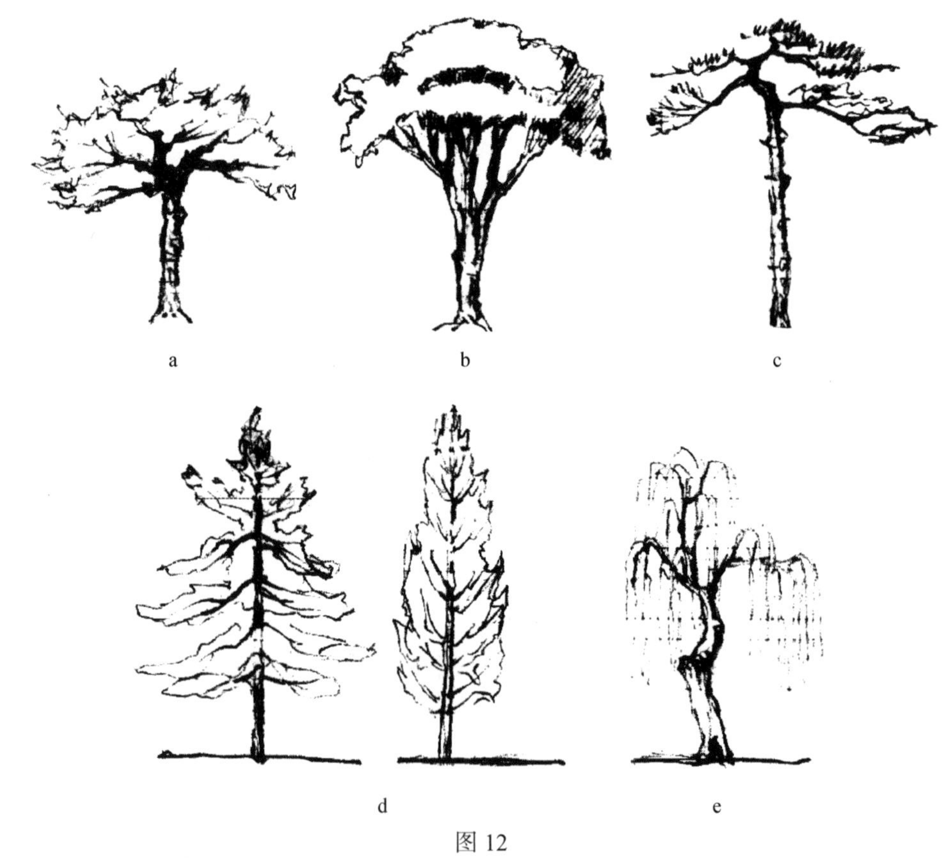

图 12

① 枝杈向旁侧伸展，汇集于主干上端，这种树多为箭头的行道树，形成主干比较组大，但高度不太高（图 12，a）。

② 树枝、树干逐渐分杈，愈向上出杈愈多，树叶也愈茂盛，整个树形呈伞状，这种类型树看起来很丰满，轮廓也很优美（图 12，b）。

③ 枝、干均切出杈，形状如倒“人”字，这种类型树，枝、干多呈弯曲状态，苍劲有力，松树枝、干多有这种姿态（图 12，c）。

④ 沿着主干，几乎呈轮形向下，向上，相对成交替出杈，有明显的既高且直的这种类型树，钻天杨、塔柏、雪松、杉木多呈此状！（图 12，d）

⑤ 枝杈逐渐变细，到末梢几呈柔软的细绦。垂柳即属于这种类型（图 12，e）。

树叶的画法：

首先注意季节性，也就是一年四季，树叶的疏密和颜色均有些不同；其次要注意到树的品种，最少要注意到阔叶树、花果树和针叶树（松柏树），各种树叶的特点。先勾出轮廓，用湿法来渲染，至于笔法正如以上所述，最好用类似的图案（即用剪影）的画法，即用平涂变调，适当点以笔触，这样既较容易掌握，也适合建筑渲染采用图案来突出建筑物的要求，使宾主分明。一般来说远景的树木笔法更宜平淡，深浅要看具体画的情况；近景树的枝、干和树叶应刻画得稍清楚些。

图应当是科学性和艺术性的统一。

此外，建筑渲染要求准确、真实，所以在画法上就要求工整细微，例如，建筑上表现各个部分的线条都必须用制图工具来画，填色时靠线要整齐。至于用钢笔、铅笔来绘画图试图时，又有另外的技法要求。

中国大百科全书市政厅条目

4-2 市政厅《Municipal Hall》

市政厅亦称市政府，它是属于办公类公共性建筑，它是历代城市建设和管理的主管机构，对这种建筑的设计和建造往往为市民们所关注，现就有关主要问题阐述如下：

一、市政厅的特点

图1　意大利西也纳市政厅

① 从世界发展史来看，市政厅的出现和发展是同当时城市政治、经济的进步与繁荣密切相关。在公元12～15世纪，意大利和法兰西先后出现以手工业和商业为中心的城市，为适应城市生产、生活的需要，加强城市管理和公共设施，首先在意大利兴建了较著名的佛罗伦萨市政厅和广场（Palazzo-Vecchio 1298-1314）与西也纳的市政厅和广场（Palazzo-Dubblico，图1）。

② 市政厅不同于一般地方上的行政机关，它是面对城市、面对市民，广泛联系群众的场所。例如：日本的市政厅和美国加利福尼亚州市政厅都设有市民公共活动的场所（图4）。这种重视和接近市民的情况，还可追溯到15～16世纪，在威尼斯北部城市里，面临着广场兴建的市政厅，往往是二层楼，底层做成非常轻快的券廊，通常在廊内召开市民政治性的集会；前来等待办公事的市民可在廊内休息；遇到集市的日子，商人们还可在廊内摆摊子。这也反映了当时这些城市的政治与经济的特色。

③ 市民们热爱自己的城市，往往把市政厅作为市容的代表，它象征着一个城市的政治、经济、文化的进步与繁荣。因而，在建筑质量上有较高的要求，在市局上一般多居于城市中心广场。例如单从建筑来看：我国解放前（1934年）在上海江湾新辟的市中心区建造的市政府（图2），采用钢筋混凝土框架结构，宫殿式绿琉璃瓦屋顶，檐柱、额枋、斗拱均做油漆彩画，是一栋具有民族特色、质量较高的市政厅类的建筑。战后日本建筑一些市政厅，在艺术处理上，也力求开拓具有民族风格的尝试，以便突出市政厅建筑的特色。另外，在建筑体质量上，除早期美国纽约市政厅属于高层建筑外，加拿大（1963～1968年）建造了多伦多市政厅大厦，是两座平面呈新月形的高层建筑，分别为31层和25层，它创造了曲面板型高层建筑的新手法（图3）。这些例子都说明对市政厅这类建筑，在质量上、美观上力求有所创造，达到新颖出众的目的。

图2　原上海市政厅　　　　图3　加拿大多伦多市政厅

二、内 容 组 成

就国外资料来看，战后的日本建筑中出现一种县、市厅舍新类型。这种厅舍一般可分为大、中、小三种，内容都有三部分，即：一、内部办公部分；二、市民活动部分；三、市会议场。如东京都厅舍、江津市厅舍和大阪府枚冈市厅舍等分别可代表大、中、小三种类型。图4 是美国一个州的市政厅平面图，从中可以看出其内容组成，主要也可概括为上述三个部分。根据我国实际情况，在建筑规模上也可把市政厅分为：直辖市、省会所在市、地区所在市的大、中、小三种类型。在内容组成上，由于我国是社会主义国家，以国有经济为主导，因此在市政厅内预设有较多的管理机构，如各种“局”“委”“办”等，因而在组成上需要：① 大量的市、局、委各种办公室；② 人大常委会办公室；③ 大会议厅（堂）和较多的中、小会议室；④ 少量的接待、休息室；⑤ 餐厅、厨房；⑥ 辅助用房（洗车库、锅炉房、储存室等等）。

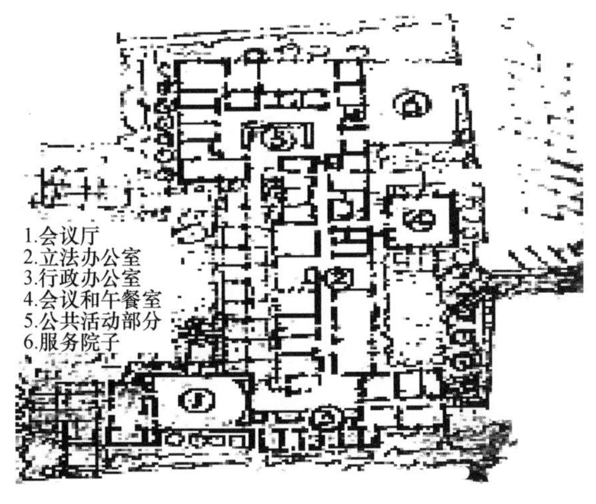

图4　加利福尼亚州市政厅平面

三、设 计 要 求

1. 选址

根据市政厅建筑的特点要面对城市，面对市民；而且作为一个城市的市容代表，这就很自然地选择在城市中心和广场周围进行建造为宜。但也可选择在环境开阔，交通方便的政治、文化区，尽量避免建在繁华的商业区，更不能建在工业区。

2. 单体设计

如上述所述市政厅建筑设计，在质量上宜具有市容的代表性，在布局上宜使市民易于接近，在艺术处理上要表现出为人们喜闻乐见的建筑形象。因而，一般偏重于宽口开敞，色调明亮，表现出开朗、亲切的气氛。主体部分组合上要活泼匀称，外表朴素而不枯燥，看起来使人愉快。具体的建筑形式可不拘一格，如陕西省咸阳市政府是对称式的单一体部，整个正面采用臂线条壁柱，顶部挑出厚重大檐，中间入口设开敞的门廊，共同产生了既开朗又庄严的公共建筑性格。但当功能组合比较复杂时，就不一定追求严肃隆重的气氛，可根据需要运用不对称求平衡的体量组合方法。例如：早期荷兰的希尔弗萨姆（Hilversum）市政厅是以塔楼为构图的支点，不同高低大小的垂直线、水平线纵横交错的体量组合，成为不对称取得均衡的著名实例。总言之，对建筑物究竟采取哪种形式，要根据具体基地情况和功能要求综合分析，才能做出合乎理想的方案。

1982 年 12 月 19 日初稿

区域规划与经济区划、国土规划的关系

经济区划是按照参观存在的不同水平，各县特色的地域经济系统或地域生产综合体划分经济区，并规划组织各经济区之间合理的分工协作和各经济区内部的合理经济结构。开展经济区划的主要目的是在综合分析各地区经济发展的有利条件和不利因素的基础上，解决各地区如何因地制宜，扬长避短，发挥真正的地区优势，为国家创造更多财富的问题。通过不同层次的经济区划，有助于明确各地区经济合理发展的长远方向。所以经济区划工作既可为编制地区经济发展规划提供重要科学依据，也可为开展区域规划工作打下良好基础。

从工作性质看，最好是先开展经济区划，然后再按经济区分别进入区域规划，或能将经济区划工作与区域规划工作结合在一起，同时进行。这样可使经济区划所确定的各地区的经济发展方向，通过区域规划进一步落实和具体化，如果在布局落实过程中，发现所规划的区外经济联系存在某些不合理性，反过来可对经济区划进行适当调整。由于我国至今还没有开展过全国性的经济区划工作，而许多地区要进行建设又迫切需要开展区域规划，在缺乏以经济区划为依据的情况下进行区域规划，就只好把某些本应属于经济区划性质的内容也包含在区域规划的主要任务中来，即在区域规划中首先得明确规划区域的范围和该地区的经济发展方向。对区域资源和其他各种经济发展条件进行综合分析评价，是确定区域发展方向的基础工作。但是评价条件的好坏，分析区域发展中的长处和短处，若只从本地区看往往难以得出正确的结论。只有把该地区放在全国、全省范围来看，通过与相关地区的对比，才能真正分清长处和短处；同时也只有在与国内或省内其他地区实行合理的劳动地域分工的前提下，才能最终明确该地区的发展方向。为此，在进行某一地区的区域规划时，需要了解、掌握的情况和资料将远远超出该区域的范围。如果像上述包含部分经济区划性质的区域规划在国内较多的地区开展，也可以有力地推动全国经济区划工作的上马。

国土规划是对国土的开发、利用、治理、保护和生态平衡进行全面规划，对全国各地的生产力和人口进行合理布局，对全国不同地域范围的国民经济建设进行总体部署。按国土规划的性质和内容与区域规划基本相似，都属于以国土开发利用和建设布局为中心的地域性综合规划。国土规划与区域规划的关系是整体与局部的关系，区域规划是国土规划的组成部分。如果在全国经济区划的基础上，对某一个经济区都进行了区域规划，也就可以使各经济区的区域规划协调统一成有机的整体，构成全国性的国土规划。区域规划可以起到国土规划的作用，但经济区划若无区域规划与其配合还不能构成国土规划。因为国土规划和区域规划一样，不能只偏向在发展方向上，重点是要把各项建设落实到具体地域。所以区域规划在实质上也就是区域性的国土规划，我国已着手开展京津冀地区的国土规划也就是区域规划。在国外对国土规划和区域规划这两个概念也难以严格区分，例如，在日、朝、法等国称国土规划，在苏、美、英等国称区域规划，其规划内容差别不大。按某些国家对区域规划的广义理解，其区际、区内规划的内容与国土规划的内容基本吻合。按我国对区域规划、国土规划的理解，国土规划可包含区域规划和经济区划，甚至还可包括全国性的生产力布局和人口布局规划。国土规划与区域规划的主要不同之处就在于：前者比后者更多地从全国角度考虑。此外，还应该指出，由于国土规划又称国土整治规划，顾名思义，在国土规划中与国土整治有关的土地利用。自然改造、流域开发、环境治理与保护等规划内容应比一般区域规划加重分量。

城市规划也同区域规划一样，都是在明确长远发展方向和目标的基础上，对特定地域的各项建设进行综合部署，二者只是在地域范围大小和规划内容的重点与精度方面有所不同。

1982 年 10 月《国土规划讨论会文稿选编》（国家计委国土局规划处编印）

对解决城市型住宅西晒问题的探讨

解放后在党和政府领导及关怀下，全国各地兴建了大批城市型多层（三四层）住宅，大大改善了劳动人民的居住条件和城市面貌。但在住宅建设中对如何全面地考虑：既要照顾到城市美观，又要满足住宅朝向的要求，还是存在问题。同时，对我国的气候条件和旧城市的道路系统多为南北向方向方格网这些特点对住宅布局所产生的基本影响研究也不够。因而在较炎热地区也套用较适于寒冷地区的周边式住宅布局和中国传统的四合院沿街布局手法。这就不可避免地一度出现大量朝向不利的西晒住宅，给居民生活上带来比以往旧居民西晒更加严重的威胁。为了说明这种看法的根据和总结经验提高认识，克服不加批判地抄袭或搬用，就西北地区旧民居与新建城市型多层住宅在建筑条件上作一对比：

① 旧民居绝大多数是层高较低的平房，前廊檐口较长起着一定的遮阳作用。在住宅前面再适当地栽植树木，也能阻挡大部分直射阳光。此外，居室自然通风较易解决，与室外接触（纳凉）也较方便。

② 旧民居绝大多数为土坯墙、打土墙，墙身厚度较大，这对隔热有良好效果。

③ 旧民居绝大多数窗口较小，当然也有少数采用较大窗口的“支摘窗”，但不论窗口大小都是纸糊窗，这就使通过窗户的直射阳光大为减少。

④ 旧民居多形成狭长的庭院（特别是西北、西南地区较多），可利用东西厢互相遮挡阳光（图 1）。

图 1　一颗印式民居示意图

有了这些有利因素，就可减轻朝西住宅夏季受热的严重程度。解放后新建大批城市型多层住宅与旧民居的建筑条件刚好相反：砖砌墙身厚度较薄、传热性大；较大的玻璃窗口透光而大；房屋层数增高，平面布置也较复杂，一般来说对通风遮阳都是不利的。这就增加西晒受热的严重性，直接影响居民的休息、工作和学习。

经过上述新旧对比，既可说明过去劳动人民如何利用生产和生活条件对减少西晒做了哪些努力，同时也为今后谋取解决西晒的途径提供历史参考经验。

近年来在较炎热地区住宅建设虽趋向于多样化的布局方式，克服搬用周边式所造成的严重西晒缺点（东北北部寒冷地区又当别论），但还不能说明问题就算解决了，今后如何根据党的“使适用、经济、在可能条件下注意美观”的方针，在不花钱或少花钱的条件下，在较炎热地区尽量解决或减少西晒对居民的影响仍是一个十分重要的课题。

解决住宅西晒的途径，实质上是设法减少夏季太阳辐射热对外围护结构和室内温度的影响。根据生活和生产实践，结合历史经验和当前科学技术的发展，一般可采取以下几种措施：

① 在规划住宅区道路网时为避免或减少西晒创造有利条件；

② 在小区规划和街坊布置中采取自由灵活的布置方式；

③ 为了争取好朝向出现住宅侧面与街景间的矛盾时，加强侧面的艺术处理；

④ 选择适宜的住宅平面类型；

⑤ 适当地利用绿化；

⑥ 利用遮阳措施；

⑦ 增强外围护结构材料的热工性能和改善墙身的构造。

上述⑥、⑦两项措施在我国目前建筑材料生产技术水平的具体条件下，势必增加建筑造价。即以采用遮阳板、百叶窗、布帘等遮阳措施来说，其设备费用约占单位造价的 1.5%～3%（《建筑学报》1959 年 2 期）。另一方面对天然采光和组织室内通风也有影响。因此，需另做作专题研究。现在除一般利用简易的竹帘、篾席解决临时西晒外，不宜分地区地在新建住宅中大量采用这两种措施。

解决西晒是一个牵涉面较广，内容也较复杂的问题。在具体工作中需要结合各地区地理、气候和城市建设现状等不同特点，采用不同的具体措施。很难一概而论。但也不能否认不论从理论上或采取措施上有很多共同性的一面。因此，本文主要针对气候分区的二级地区——以西安为例，就上述①～⑤几项措施分别做如下探讨。

（一）在规划住宅区道路网时，为避免或减少西晒创造有利条件

实践证明，道路走向对住宅建筑的朝向有着决定性的影响。造成住宅西晒受热，多半由于把住宅面向南北向道路两侧平行布置。因此，为了从根本解决问题，就一般来说在较炎热地区的住宅区规划中结合日照、地形、环境和夏季主导风向等气候和地理条件，把小区道路网沿子午线适当地转一个斜角，使成为小于南西 45° 或大于南东 45° 的走向（避免与夏季主导风向平行或垂直，在西安地区结合风向以南南西为宜），尽量避免或减少南北向道路（图 2）这样既可减少平行道路两侧住宅西晒受热的威胁，同时从日照的角度来看也是有利的。

道路沿子午线转一斜角后，房屋的朝向按平行道路来说要出现东南、西北、西南和东北朝向。根据生活经验这些朝向受日照情况都比正北向要好得多。可怀疑的是西南向（按最大斜角）对减少西晒的威胁，究竟有多大的优越性，尚需科学的验证。因此，根据西安地理和气候条件作如下分析：

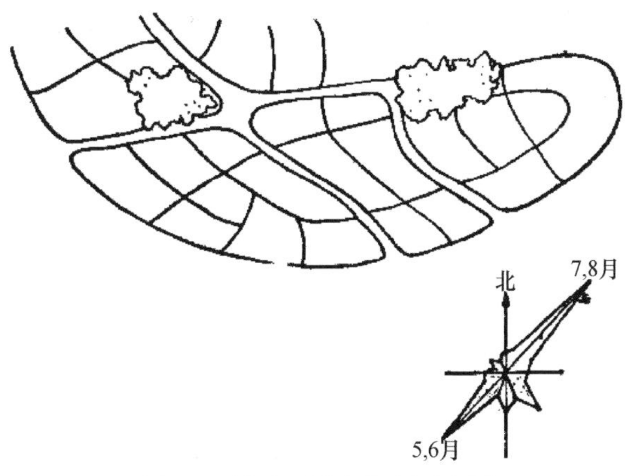

图 2 西安市西南郊规划示意图

西安每年气温最高的月份是七月和八月（七月平均温度为 33.9℃，最高为 45.2℃），每日太阳辐射热最强的时间是 14～16 时。按后面的表 3 所示太阳高度角和方位角，用投影法求得夏至 14～16 时之间的西南向室内地面通过窗口受日照范围较正西的减少了很多（墙壁上日照一般不考虑）（图 3，a、b），这是减轻西晒受热的主要因素。

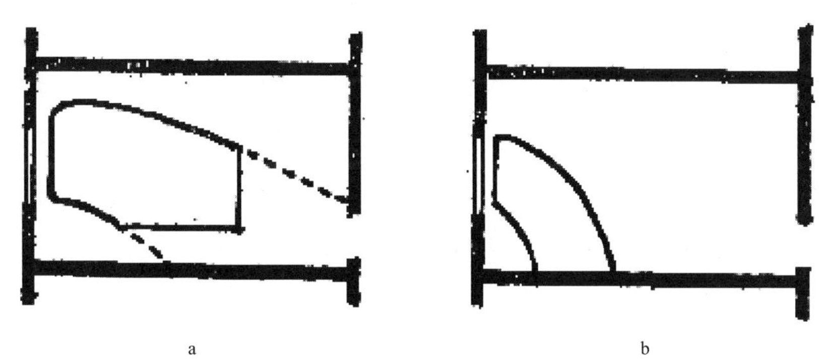

图 3 14～16 时室内地面受日照示意图（虚线表示 16 时以后）

a. 西向；b. 西南向

此外，就太阳辐射热对墙面的作用来看，西南向的房屋也较正西的在一日中受热强度有了显著降低。由表 1–a 可以看出朝西南向的墙面总受热强度比正西的墙面减少了 570 千卡 / 时 • 米 ^{2}，而当最热的时间（14～16 时）西南向的墙面减少了 375 千卡 / 时 • 米 ^{2}。并且由 14 时起西向墙面受热强度急剧上增，而西南向的上升缓慢并逐渐下降。因此，西南向辐射热消减的时间较早，墙身续热提前发散，可使晚间睡眠时不致过热。

由表 1–b 也可看出房屋朝西南向不仅在热天比西向有利，而在冷天对取暖来说也是有利的。

根据上述分析比较，足资证明在规划中把道路网沿子午线适当地转一斜角或采取灵活多变的道路系统，不论当住宅底层带有商店或由于其他要求必须把住宅沿街道平行布置时，都为减少西晒创造了根本条件。我国旧城市多半是南北方格网道路系统，在规划或改建时必须结合具体情况和地形、管线等统一考虑，全面分析，以免造成经济上的浪费。当受原有城市路网或其他条件所限必须存在南北向道路是，即可参照下述几种措施进行处理。

表 1–a　北纬 30° 地区夏季两种不同朝向外墙面受太阳辐射强度　（千卡 / 时 · 米 ²）

时间 / 强度 / 朝向	6	7	8	9	10	11	12	13	14	15	16	17	18	总计
西向	50	90	125	145	165	200	270	400	580	690	705	650	260	4330
西南向	40	90	120	150	190	240	320	440	530	570	500	450	120	3760

表 1–b　北纬 35° 至 40° 地区在不同季节两种不同朝向外墙面受太阳辐射强度

（卡 / 日 · 厘米 ²）

季节 / 强度 / 朝向	夏至	秋分	冬至
西向	86	61	22
西南向	71	95	73

（二）在小区规划和街坊布置中采取自由灵活的布置方式

在解放初期——大约 1954 年以后，各地住宅建筑曾不择条件地风行一时搬用周边式、双周边式的住宅布局。其目的据说是为了照顾城市面貌、美化街景，以及有利于扩大庭院、便于布置托幼建筑等等。这种愿望其效果如何暂且不论，只从使用上来说，除了人们难以寻找房号，常走错门，而特别严重的是造成大量西晒房屋、街坊内日照通风不良和街道尘土噪音的干扰等等缺点。据在西安市龙首村住宅区调查，朝西住户反映意见很大，不能在家休息晚上睡不好，甚至各处找房子准备搬家。就一般来说西安在最热的季节夜晚还要盖被，而西晒的房屋竟因受热不能睡眠，可见西晒的严重性。

据西安城市规划局的介绍，在西安市的南北向方格网道路系统中，曾机械地套用苏联经验采用周边式布局，以致大约有 20% 住宅遭受西晒，群众意见很大。后来把街坊布局改为混合式，使西晒住宅约降至 5% 左右。

从全国绝大多数地区来看，近几年来对周边式的布局已经进行了批判，今后在较炎热地区的住宅建设中或不至原封不动地再出现这种类型。但这也不等于问题就算解决了。例如闵行、张庙等地一条街的出现，确实反映了社会主义的新的城市面貌，吸引了人们很大的兴趣，并在实践中大有跃跃欲试的趋势。据说有人想在某一城市出城 80 米宽的大马路也套用一条街的布置手法，这当然是不够妥当的。那么旧西安市南北干道 50 米宽的解放路又应如何规划布置呢？恐还存在问题。如果说采取混合式的布局手法，也有进一步分析明确的必要。所谓混合式在发展中对它的理解也不完全一致。以往有人认为当道路走向不利房屋朝向时，把沿主要道路的住宅面向道路平行布置，在街坊内部则多考虑使用上的要求。这种折中的混合式仍不免要出现多数住宅的朝向不利，并受道路灰尘、噪音等干扰。仍存在不少缺点。根据近几年来在规划中所表现的混合式，多半趋向自由灵活错落的布局方式（图 4）。这就为解决住宅西晒创造最大的灵活性的同时也丰富了城市建筑空间艺术。

这主要是由于它对街道两侧的布局上具有以下几个特点：

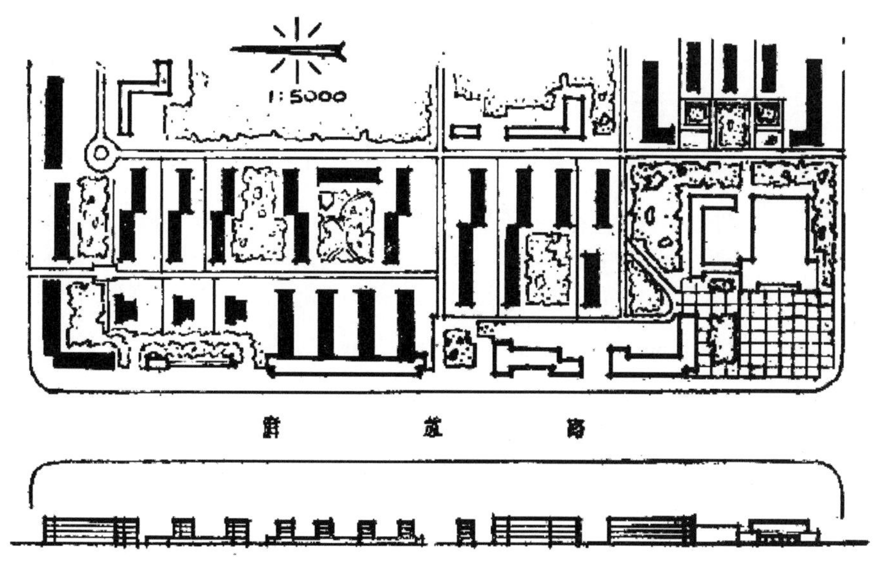

图 4　混合式布置示意图

① 尽量争取好朝向，见面平行干道不利朝向的住宅。如遇必要时也要选择适宜的住宅平面类型，使居室不直接受西晒影响；

② 充分利用公共福利或服务性的建筑沿街道平行布置；

③ 为了补填沿街空余地段，把部分住宅与红线成一斜角或垂直成行成组地布置，即可获得建筑空间的变化，又可争取好的朝向；

④ 利用住宅体量变化（如点式、塔式住宅），丰富建筑空间轮廓；

⑤ 运用低层商店、小建筑形式和绿化等作为建筑空间的过渡联系；

⑥ 沿街的建筑与街坊内部平行或垂直布置的住宅群构成完整的统一的灵活空间布局。

随着住宅建设的发展，多半趋向于采取小区规划和修建的方式代替过去居住街坊的规划方法。小区规划除有其他方面的优点外，由于统一规划，可结合公共福利或服务性建筑统一考虑，全面规划，这就为采取灵活的混合式布局创造基本条件。另一方面由于基地大，无过境交通，便于采取自由错落灵活布局方式，打破轴线对称的构图手法。这就有利于使沿街道的布局与街坊内部规划有机地统一起来。

综合上述分析，采取灵活的混合式布局，除便于争取住宅良好的朝向，克服西晒的影响，更能增加住宅群的建筑艺术和丰富城市面貌。因而它是解决住宅西晒的基本措施之一。

有人说："西向房屋是客观规律"，是否在西安地区也提出允许百分之几的住宅朝东西向（据说北京地区对东、西向的住宅控制在 12%）。我认为这是城市规划局业务范围内的事。就科学研究的观点来看，其任务不是消极地研究在规划中必须出现多少东西向住宅，作为控制指标的依据。而更重要的是从积极方面提出措施，以减少这一部分东、西向住宅西晒的威胁，这才是本文的中心任务。

至于街坊布置形式对土地使用的经济性问题，这主要取决于住宅房屋的长宽比和布置形式的综合考虑。以往曾有人过分强调布置形式的一面，主张周边式用地经济。其实周边式也不过在大面积的住宅群布置中可能比行列式略较经济 1%～2%。但从全面考虑，这种细微的差异弥补不了它严重的缺点。因此，就经济意义来看，在较炎热地区周边式也是站不住的。根据《建筑学报》1956 年 2 期刊登《上海曹杨新村规划设计》一文曾介绍说："……我们在以后的住宅建设中采用了混合式布置，在土地使用和房屋布置等方面是比较满意的"。足证混合式也合乎经济要求，是切实可行的一种方式。

（三）为了争取好朝向出现住宅侧面与街景矛盾时，加强侧面的艺术处理

在城市规划与建设中由于各种条件的要求或限制——特别是在旧城市修建或改建中往往不可避免地出现南北向道路，例如前面提到的西安市由火车站通往大雁塔 40～50 米宽的南北干道，对于这样的街道两侧除了合理地布置些公共、商业、服务性建筑外，也必须建造大批住宅建筑。按照上述自由灵活（平行或垂直）的混合布置精神，为了满足朝向的要求以及减少街道上的噪音、灰尘对住宅的影响和组织灵活开朗的建筑空间，不论是与红线垂直或成一斜角，都有可能有意识地出现部分住宅侧面山墙朝向街道的情况。按照过去在各地建设中出现这种山墙朝向街道的实例也不少，但效果都很差。引起社会上不少反对意见和争论，因为虽照顾了朝向，但使街景不美观。分析这种情况可能有两方面原因：一方面是属与社会历史根源。资本主义城市所谓繁华的街道，为了商业竞争不得不使带有铺面的居住建筑朝向街道，扩大门面以广招徕。至于说居住使用者舒适卫生一切要求都必须服从资本家最大利益。因而不论街道走向如何都形成沿街周边封闭式的街景。国外的不必说，就以上海、天津、广州等旧城市来看就可说明这一点。这就使历史发展给人们造成深刻的影响；另一方面——也是主要的一方面是由于设计者经验不足，对党的建筑方针体会不深，在住宅设计中往往只注意正面忽视侧面，只考虑单体处理忽视群体的联系，确实也存在不少问题。诸如住宅侧面形式简单，既不开窗也不加处理，房屋完全采用一样的高度和样式，沿着整段街道采取千篇一律的行列式布置手法。此外竖向的山墙也缺乏必要的水平联系，互相无关，显得零散，既没有建筑体量上的对比，也缺乏色彩（原文为"采"）的变化。难怪人们认为住宅侧面朝向街道使街景呆板枯燥，很不美观，以及缺乏居住环境的气氛等等反对意见。甚至有少数人认为在沿城市街道的住宅布局，根本不能采取山墙朝向街道的布置方法。当朝向不利时，宁肯不惜使居民长期受西晒煎熬之苦，也要正面朝向街道。可见问题的严重性。但这些问题的出现，其关键还是由于我们没有深入研究住宅侧面朝向街道的建筑艺术处理方法所发生的一些缺点。不应成为反对住宅侧面朝向街道的根据。正因如此，我们要很好地研究它，使之既能满足社会主义建筑对人的最大关怀，也要表现出社会主义丰富多彩（原文为"采"）的新城市面貌。

根据在大跃进以来，各地住宅建设中出现一些好的例子，对住宅侧面朝向街道的几种建筑艺术处理方法，提出如下的探讨意见：

1. 加强侧面山墙空间的连续性

1）以商店或服务性的低层建筑把个住宅侧面山墙联系起来——街道两旁的商店或服务性。

建筑往往不仅为满足小区内居民生活需要，而且也要供应过路人的需要。从适用和经济的观点来看，除那些对日常生活供应频繁的商店外，把其他一些商店沿街道布置比在小区内更觉合理。但一般来说这些建筑规模不需太大，通常只设在住宅底层即可，特别当朝向好的住宅建筑这样处理是适宜的。但也存在缺点，诸如造成结构复杂、楼上居民被干扰等等。把商店从住宅底层抽出来与垂直街道的住宅侧面联系起来布置，就显出它的优越性，既克服上述缺点，也可使分散的侧面山墙组成具有一定韵律的建筑体部和高低错落的建筑轮廓。在使用上又能形成内院，隔离街道灰尘、噪音等优点。例如：垂直街道平行布置的三四层高的几个住宅，以其侧面山墙作为几个相等体，用一层商店建筑作为联系体组合起来（图 5）。这样从低层商店顶部看到较高的住宅透视面，加上庭院内的绿化隐约可见，即构成开阔的空间又丰富城市的面貌。为了具有连续的韵律和良好的比例，经验证明最好是三至五层高的住宅每三至四幢组成一个组群，不宜单独布置一二幢。这种住宅组群并列重复不宜太多，在适合的地方平行街道也可穿插配合一些其他的较大型的公共、商业，服务性的建筑或带有外廊式的住宅建筑，以及独立式的点式、塔式住宅建筑。这样更显得街景节奏鲜明，变化有律，取得良好效果。

图 5 一层商店与住宅侧面山墙的联系

根据防止西晒的要求，不论是住宅或其他类型建筑朝西开窗总是不理想的。不过对一层商业建筑来说，可利用橱窗、柱廊或窗上雨篷等遮阳作用，基本上可解决西晒的影响，而且比在整幢住宅采取遮阳措施也是经济的。因此，为争取一部分住宅达到好的朝向，采取低层商店或服务性建筑把住宅侧面联系起来是切实可行的办法。对这种低层商店与住宅联系时，也要注意商店的杂物院不要影响住宅，一般可设在住宅的端部（留一个内天井）。

2）充分利用各种小建筑形式把住宅侧面山墙有机地组合起来——在一条街道上很难设想把所有住宅侧面都采用低层商店建筑作为住宅组群的联系体。这是因为我们商业是一个有计划的完整服务网，不可能随设计者主观愿望任意增减，例如目前有些住宅底层带商店的建筑远远超出实际需要，不得不改变用途。因此，另外的办法可充分利用漏花墙、花廊、宣传画廊和街坊入口等小建筑形式以及重点绿化等等，作为联系体，同样可把垂直分散的住宅侧面组成统一的整体（图 6）。

图 6　用漏花围墙把具有虚实对比的侧面联系起来

从这些小建筑形式本身功能来看，不仅起了美化作用，而且可把住宅的空间圈成一个院落，防止行人随便进入，保证居民生活安静。也便于在院落中布置绿化、小儿游戏场地、成年人业余休息或家庭杂务用地。这些都是居民十分喜爱的必要设施。

广州地区给人留下一个深刻的印象是它在沿街道两旁的住宅多半设置白色预制钢筋混凝土漏花墙，上盖灰色压顶线。也有的用红砖砌成漏花墙。这种玲珑剔透、花样别致的矮围墙配合住宅浅米黄粉刷墙或淡红色的砖墙与五彩缤纷的花草树木互相衬托，置身其间大有留恋不舍之感。这说明小建筑形式运用得好是会起着良好的艺术效果。

街坊入口处理得当，对改善住宅侧面亦起很好的作用。图 7 是张庙街坊入口的实例。张庙路一条街因地形关系把部分住宅适当退后红线，沿街布置了一道画廊效果颇佳。同样，把这种画廊布置在住宅侧面之间，作为联系体，不仅起着良好的艺术效果，而在功能上也起着宣传教育的作用，可适当加以利用（图 8）。沿街道的适宜地段可把两三个住宅的侧面山墙适当地后退红线，留出凹口布置小型绿地也可打破街景呆板的感觉。这在上海旧城改建中利用拆除空地，适当布置小块绿化效果颇佳。

图 7　街坊入口的处理

图 8　用画廊作为群体间的有机联系

轻巧活泼、玲珑剔透是小建筑形成的共同特点，如果处理得很笨重，就不会收到好的效果。高高的实砌围墙往往给人以单调封闭之感。这种情况到处都可以见到。这说明小建筑形式处理的好坏，对解决住宅侧面山墙朝向街道的艺术效果影响很大，必须引起十分注意。

至于小区内部的道路，一般说没有城市街道在空间上那样的开阔，只要从庭院和建筑体部空间组合、道路、绿化布置等关系上妥善处理，尽可满足要求，不能一律搬用沿街道住宅侧面的处理手法。

2. 加强住宅山墙的艺术处理

在沿街建筑空间构图上虽可采用上述办法进行处理，但山墙本身的轮廓比例和细部处理，对整个建筑艺术效果来说也是个决定性因素。有了侧面各体部互相间的良好联系和呼应外，还需注意侧面本身的处理。它是关系到住宅侧面朝向街道艺术效果的一个重要方面。例如张庙路偏西边的路口，南北两侧各有几幢侧面朝街的住宅，它们除了围墙、绿化在处理上有所不同，山墙面本身的轮廓比例、虚实对比等构图处理也有显著不同。

南边的富有变化、开朗活泼的侧面（图 6）比北边的呆板大片实墙要好得多（图 9）。

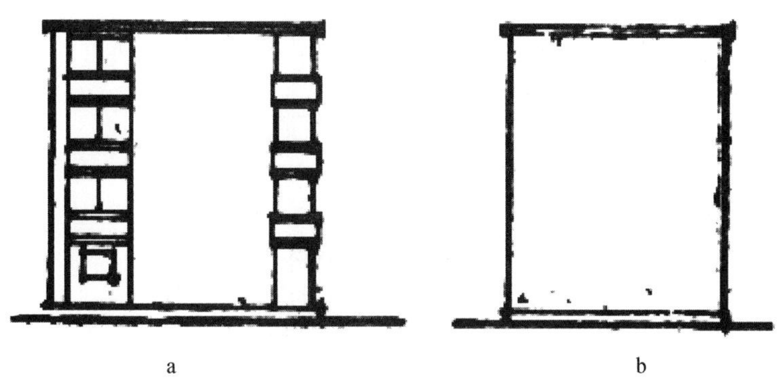

a　　　　b

图 9　住宅侧面

a. 路南住宅侧面；b. 路北住宅侧面

住宅侧面山墙的处理，主要是通过建筑物本身的各功能要素结合艺术处理手法巧妙地安排运用，例如改进山墙形式、轮廓比例、丰富细部趣味，尽量克服山墙狭高、封闭、呆板的粗糙感觉。其具体处理方法分述如下：

1）加宽住宅端部平面进深——住宅平面进深一般来说均较小（9～10 米左右），特别外廊式进深更小，往往形成狭高单薄的侧面轮廓。因此，在条件允许下住宅端部的单元布置多室户，加大平面进深，使成为曲尺或丁字头的平面，这就有助于改善侧立面的轮廓比例，克服狭高单薄的感觉（图 10）。

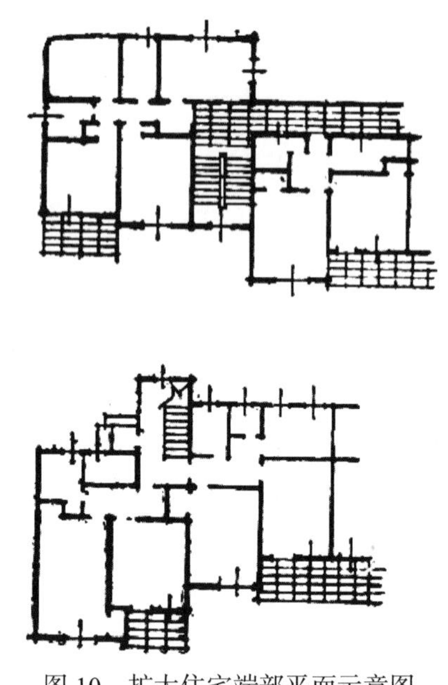

图 10　扩大住宅端部平面示意图

2）利用虚实的对比——为了打破住宅侧面山墙单调呆板的感觉，可通过组建虚实面的对比，达到具有活泼变化的艺术效果（图 11）。一般可采用下列措施：

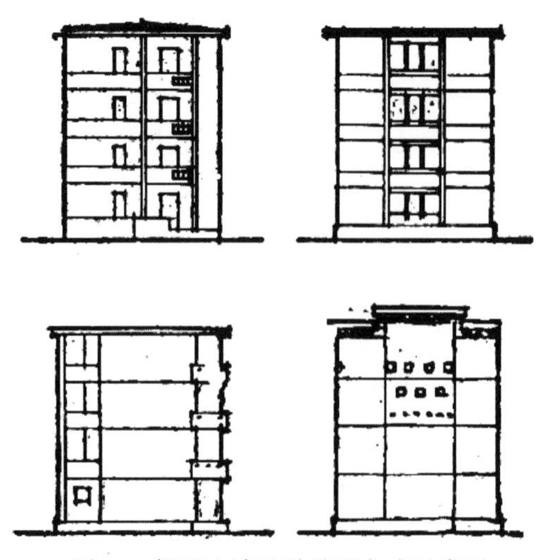

图 11　侧面山墙几种处理方式示意图

结合浴廊、厨房等辅助房间采光要求，在山墙上开设具有艺术造型的窗口，必要时可局部装置遮阳板。

硬山开顶可加重通气孔的处理。

把外廊延长到端部构成虚面。

设置拐角阳台，打破垂直感觉。

3）改变山墙形式——可采取下列办法（图 11）：

将山墙处理成带有民族形式的阶梯形，适当加以简单修饰。

用线条（灰缝）把大片墙面适当加以横竖划分。

侧面山墙尽可能少用硬山屋顶。

结合具体情况和不同的功能要求，适当在山墙面加以装饰——在前几年大跃进开始时，为了鼓舞人们的劳动热情，会在建筑物墙面上画了很多壁画。虽说存在一些缺点，但通过这次大量壁画的实践，如果认真研究总结也可从中吸取有益的经验。例如在住宅光光的山墙面上适当地设计具有生产和生活意义并带有民族特色的永久性简易浮雕，这既能鼓舞人们劳动生产热情，又可丰富住宅侧面艺术效果，倒是一举两得。此外在带有商店建筑的住宅侧面墙上也可适当地点缀以商标图案和广告文字。这在张庙路也有类似的例子，效果也不坏。

充分利用建筑材料的颜色——建筑材料的颜色对外墙的艺术效果起着很大的作用。如清水墙青、红砖的巧妙组合，灰缝颜色的注意选择（如白色、红色的灰缝），对光光的墙面都能起着不同的艺术效果。特别是当采用外粉刷墙面时，关于颜色的选择和调配，对艺术效果更能起着很大影响。因此在朝向街道的山墙面上，如何运用适当的颜色来组建和划分这块平淡的实墙面，就显得是十分重要的工作。

除考虑外墙面颜色的艺术效果外，还应注意到炎热地区墙面颜色对太阳射线的反射作用和对室内温度的影响（表 2）（摘自《建筑物理手册》，重建院）。

表 2　墙面对太阳射线的反射率

结构种类	材料和加工方式	表面状况	颜色	反射率（%）
墙	抹灰砖墙	新	白色	71.0
墙	抹灰砖墙	平滑	淡玫瑰色	57.1
墙	抹灰砖墙	平滑	淡黄色	52.7
墙	抹灰砖墙	新	玫瑰色	50.0
墙	抹灰砖墙	平滑	淡天蓝色	44.2
墙	抹灰砖墙	不平	黄色	35.2
墙	抹灰砖墙	平滑	暗玫瑰色	30.7

据苏联学者研究结果认为：白色墙面（或屋顶）其吸收光线能力只有黑色的 15%～20%；黄色为 30%～35%，橙黄色为 40%～45%；红色为 60%～68%。建筑物究竟采用什么色调主要根据建筑性质、建筑材料、气候条件、建筑艺术要求以及热工的性能等统一考虑。在一般情况下为减轻住宅

建筑的辐射热，特别当在炎热地区外墙面的主要色调宜采用浅色为宜。

总之，为了解决或减少住宅西晒，把侧面朝向街道布置，只要经过细心研究和处理，它不仅不会影响美观，如果处理得好，还可增加不少情趣和建筑艺术效果。上述几种措施只是一些常见的处理手法，在实践中还有待于发挥群众的智慧创造更多更好的办法。

（四）选择适宜的住宅类型

就西安地区或其他一些旧城市原有的道路系统来看，前文已经提到多半是南北向方格网道路，在规划布置中如何尽量减少遭受西晒住宅的数量，这是主要的一面。但从城市规划和不同性质道路的建筑艺术要求，以及小区内更好地组建庭院空间、便于绿化与组建公共活动用地等等，都不可能完全避免布置朝东西向的住宅。在这种情况下就需要选择适当的住宅平面类型，以利减少西晒的影响。类型的选择取决于以下几点要求：

尽量减少房间（特别是居室）受西面太阳的直接影响。

有良好的穿堂风。

能遮挡一日之间最热时的阳光照射。

有方便的纳凉休息场所，并利于与户外和绿化相结合。

容易处理良好的立面。

根据上述要求，还需在设计中不断地创造新的住宅类型，以便更好地适应这些要求。不过从目前建设实践中已有的住宅类型来看，独立式（点式、塔式）和外廊式是较适宜的住宅类型（图 12，a、b）。

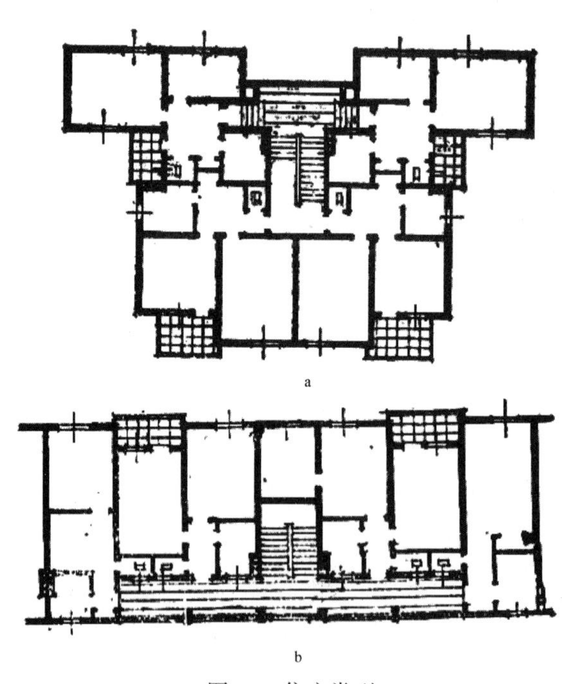

图 12　住宅类型

a. 独立式；b. 短外廊式

独立式住宅的特点：首先是居室都能争取在南、北向开窗，避免西面窗（或开设具有遮阳板、水泥漏花的小窗）。这就大大地减轻西面太阳直射室内的威胁。由于容易组成穿堂风，也能减轻辐射热透过外墙的影响。这些都是对减少西晒有利的因素。其次是平面布置接近方形，轮廓变化灵活，并在侧面可合理地设置阳台和辅助房间的窗口，层数一般在五层以上，这都为形成侧面良好建筑艺术效果创造有利条件。因此，在住宅区规划布置中，尤其是当解决南北向道路街景时，利用这种独立式住宅即可解决西晒问题，同时也可形成高低错落、富有变化的建筑空间。但这种类型由于外墙延长面的增加和平面占地面积较小，不论对单位造价或基地的利用均是不利的。此外五层以上的住宅如无电梯（目前不可能具有这样的设备）使用也不方便。因此，只有必要时酌情点缀几幢不宜大量使用。

外廊式住宅其经济性虽不及单元式的优越，但从炎热地区减少西晒受热的角度来看，根据各地居民反映意见多数认为这是一种较好的住宅类型。结合日常使用、减少干扰等要求，尤以短外廊较为优越。

外廊式住宅一般具有下列几个特点：

1. 外廊朝西时能起遮阳的作用

为了说明外廊对遮阳所起的作用，首先根据各地区的太阳轨迹分析一日之间最热时太阳投在廊内阴影的深度。以西安地区为例，夏季最热的时间为14～16时，当外廊宽度为1.5米，室内净高为2.7米，窗台高为0.9米，窗口为1.6米。根据公式（1）先求得夏至中午以后的太阳轨迹（表3），按公式（2）求得廊内阴影区（表4）。

公式（1）：设A=方位角，h=高度角，

Φ=地理纬度，δ=赤纬，

τ=时角。

$$\sin h = \sin\Phi \cdot \sin\delta + \cos\Phi \cdot \cos\delta \cdot \cos\tau$$

$$\cos A = \frac{\sin h \cdot \sin\Phi \cdot \sin\delta}{\cos h \cdot \cos\Phi}$$

由赤纬表查出δ=+23° 27′，τ=0，+15°，+30°，+45°，……，+105°，

西安地理纬度Φ=北纬+34° 15′

表3

轨迹 \ 时间（时）	12	13	14	15	16	17	18	19
高度角 h	79° 15′	73° 01′	61° 49′	49° 29′	37° 07′	24° 53′	12° 58′	0° 10′
方位角 A	0	54° 21′	76° 11′	87° 30′	95° 30′	102° 35′	109° 37′	117° 45′

公式（2）：设d=外廊高度，x=阴影投在墙面的深度，

a=建筑物与子午线的夹角，A=方位角，

h=高度角。

$$d = x \cdot \cos(A - a) \cdot \cos h$$ 。

表 4

时间（时）	已知			求得
	h	A	a	x(m)
14	61°49′	76°11′	90°	2.70
15	49°29′	87°30′	,,	1.76
16	37°07′	95°30′	,,	1.20

根据表 4 求得阴影深度 x 值来看，在 14 和 15 时廊内外窗口全在阴影区内，16 时也可遮住窗口大部分面积，可见外廊在一日之中最热的时间内能起着遮阳作用（限于时间未能进行实测温度变化）。

有的地区往往沿外廊上口设置通透的混凝土挂落，这样更可扩大遮阳效果。如在西安地区设置 0.50 米宽的挂落，则在 16 时墙面阴影区可增大到 1.70 米的深度，此外，外廊式住宅便于沿廊子上缘悬挂竹帘或布置垂直绿化，对通风影响不大，而对遮阳有利。

2. 外廊式住宅基本可使居室不直接受阳光影响

外廊式住宅的平面布置一般均把辅助房间（厨房、厕所等）和过道布置在沿外廊的一面，这样形成缓冲地带，减少辐射热对居室的直接影响。对辅助房间来说，纵能遭受部分的阳光照射，但其严重程度究比居室还有一定的差别。

3. 外廊式住宅通风良好

外廊式住宅一般多用于少室户，房屋进深较浅，每户能有单独的开间，这就比其他住宅平面类型更有利于组成居室的良好通风。此外，这种外廊式住宅其廊子既作为交通使用，又可当作生活阳台傍晚乘凉之用。特别是短外廊更具有这种双重作用。由于有了外廊可根据具体情况，将某些房间开设落地窗或降低窗台的高度，把外廊栏杆作为通透的漏花，这些措施对加强夏季通风都是有利的因素。根据武汉团校住宅夏季通风实测资料（《建筑学报》1959 年 2 期），实测对象是外廊式住宅，主要居室是朝南偏西 60° ，室内净高 2.65 米。在设计中除采取在平面布置上考虑各室得到良好穿堂风，同时也采取降低窗台、落地窗、开洞栏杆和楼板与天花夹层间增设通风洞等一系列的辅助措施。在测定结果：1、2、3 号三个房间的室内温度 12～13 时相差很小，每小时所测得的各室温度差最大不超过 0.4℃，都在舒适范围内（最高 29.66℃，最低 28.90℃）。为了对比同时测得该地区其他单位的非外廊式的朝南面的住宅居室（净高 3.1 米），由于风速小，通风差，其室内温度比团校居室高出 1℃多。由此可见住宅平面类型的选择和居室通风处理的好坏，对夏季不同朝向的室内温度的降低有很大的作用。

需要补充说明的一个问题，就是有人认为外廊朝向街道，居民往往在廊内晾晒衣物或堆放杂物，有碍观瞻。我认为如果在设计上考虑到户内设置适当的堆放场所（如煤、柴、杂物等），是可以避免出现堆放廊内的情况。至于晾晒衣物的问题，有人反而赞成地说："这正是增加居住气氛"。这个意见虽有待于商榷，但在住宅上出现红红绿绿的衣物也不足为奇。实际出现这种情况岂止是外廊住宅，凡带有阳台、凹廊、甚至窗口的各种类型住宅同样出现这种情况。单单强调外廊式有这样的特点，恐怕就不够全面地看问题。

（五）适当地利用绿化措施

在生活实践中人们已意识到在住宅周围布置良好的绿化，不仅美化了生活环境、滤新空气、减轻噪音，而且在炎热地区利用绿化调节室内小气候，防止室内过热具有显著的效果。这是因为：

（1）植物生理机能的吸热作用——植物白昼不断地吸收太阳辐射热进行光合作用，产生碳水化合物和放出氧气，使附近气温降低。在夜间则相反，呼出二氧化碳吸收氧气，并散发热量。不过比光合作用小得多，对气温无任影响。

（2）绿化遮阳作用——植物茂盛的枝叶能起很好的遮阳作用。特别是爬藤植物附着框架或外墙面对减少辐射热效果更较显著。

（3）降低地面由太阳辐射所产生的温度——光光的地面反射热量很强，对附近气温只起提高作用。但在树荫下或草坪上，由于受日晒时间少或反射率低，甚至还要吸收空气中部分热量，而使气温下降。

根据建筑研究院热工组对上海复旦大学宿舍及同济新村进行实测结果（《建筑学报》1959 年 3 期）证明绿化对降低外墙辐射热有显著效果，只就其中的复旦大学的实测来看，对外墙面攀藤植物绿化（用紫藤栽于勒脚下，枝叶攀缘于外墙上）无绿化的外墙表面温度相差很大，达到 5℃。所以居民反应：在带有绿化的房间内感到凉爽；而没有任何植物遮阳的室内，在太阳直接射入时，需用竹帘遮挡，并用小电扇调节室内气温。这种绿化效果也可用外墙的内外表面温度差来说明其具体效果（表 5）。

表 5　复旦大学第一宿舍的测定值

日期	室外温度	房间的条件	外墙		内外表面温度（℃）	附注
			外表面温度（℃）	内表面温度（℃）		
8 月 20 日	29.2℃	绿化	30.70	29.10	1.60	室内住三人，窗未装珠帘
		无绿化	35.10	30.00	5.10	室内住一人，窗装竹帘
21 日	29.7℃	绿化	38.00	28.20	9.80	
		无绿化	42.25	28.90	13.35	
22 日	27.6℃	绿化	34.60	27.90	7.63	
		无绿化	40.90	29.70	11.20	

按上述分析，经过有计划地布置绿化，对减少住宅受西晒的威胁是有良好的效果，特别是对已建成西晒的住宅利用绿化方法减少西晒的严重性也是一种切实可行的措施。

绿化的方法可采取以下措施：

1. 适当地利用绿化带

沿街遭受西晒的住宅仅靠步道树遮阳其作用不大，最好把住宅适当退后红线 4～5 米建造。空出的地段铺上草坪，并在不影响基础的距离（苏联规范是 4 米），栽植高耸枝叶茂盛的阔叶树，构成一个绿化带。这不论对遮阳、调节小气候或减少街道灰尘、噪音的干扰，均起很好的作用。

对这种绿化带的树种选择首先注意两个问题：①要易于移植能在一二年内即起遮阳作用；②树根不要妨碍住宅基础的安全，有的树木（如广州的榕树）树根生长特别发达，交错盘旋隆起地面，在离墙面不远的距离显然对基础不利。另外对这些树也不宜常浇水，免得土壤有下沉的危险，特别像西安这样大孔性土壤尤怕多浇水。因此这些树木品种应具备下述特点：

① 生长快成活率高，当半成材时也易于移植。

② 性喜干燥，树根不过于发达，不窜根生长小树。

③ 树枝茂盛（由下到上不逐渐衰退），树枝围绕树干向上生长形成圆柱体。

④ 不易燃烧，不生虫害，无花絮飞扬。

根据上述要求，参天杨是最优越的品种，当生长到三层楼的高度（约 10 米）仍容易移植根部不大，可靠近墙身（约 4 米左右栽植）。根据实践证明最好成行交错栽植两行。

图 13 是国外学者研究绿化降温实测示意图可作为参考。

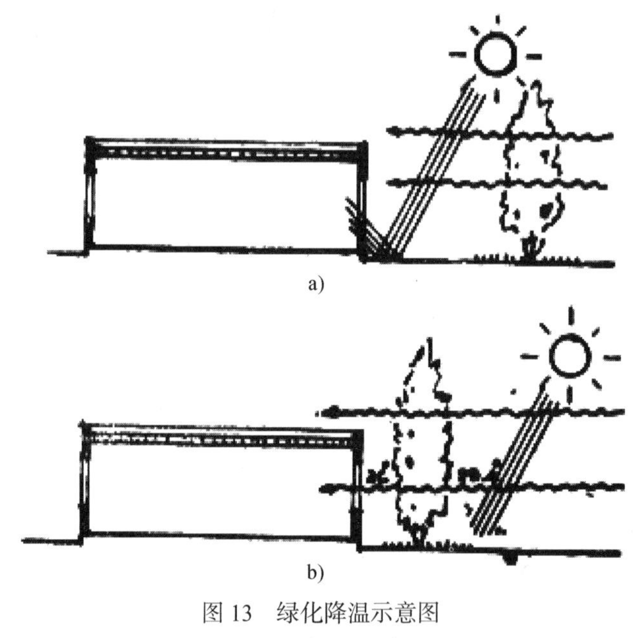

图 13　绿化降温示意图

a. 不正确；b. 正确

2. 用垂直绿化方法减少住宅的西晒

在我国各地的一般民用建筑采用垂直绿化的实例很多，其目的虽不都为取其遮阳，但实践证明却有这方面的良好作用。

垂直绿化一般可采用下列两种方法：

（1）用带“吸盘”蔓性植物爬在住宅的外墙上（如爬山虎），在三四年中可爬满外墙面（二三层楼）。在莫斯科有用人工修剪的攀缘植物在墙上组成大片图案作为墙面装饰。

有人怀疑爬山虎对墙面材料是否有腐蚀作用。本人曾经注意观察过这个问题，爬山虎的“吸盘”贴着墙面确是很牢，但并未发现有腐蚀的痕迹。相反墙面受叶蔓的遮挡、防止风吹、雨淋、日晒等风化作用，对墙面反有保护作用。这可从带有绿化的旧建筑物验证这个问题，如果说有缺点是易容栖息壁虎，惹人讨厌，不过有的地区看起来人们很习惯这种爬虫类小动物。

（2）利用具有卷须或缠绕茎性植物缠布在墙面或窗口有一定距离的格架上，造成阴影以减少投入室内的辐射热。同济新村 29# 住宅就是采取这种方法，根据实测资料证明这种措施可降低室内气温 1～2℃。但这种绿化方法对一二层的住宅就地面培植是较易办到的，对三四层较高的住宅就有一定的困难，需另设法解决。有人利用阳台附设固定花槽并装置花格架，以便逐层培植藤蔓植物（如牵牛花、茑蘿松、丝瓜之类）以解决高度上存在的问题。新建上海瞿真人路住宅阳台两侧面都设置了各种形式的小花槽。为了解除西晒之苦，我想人们会高兴地注意培养这种绿化。

苏联 H.A 巴济列夫斯卡娅等人编著的《用攀缘植物来绿化建筑物》一书对利用各种攀缘植物进行绿化说得很详细，可作为参考。

兹介绍几种常见攀缘植物品种：

① 多年生的有：爬墙虎、爬山虎、马儿铃、南蛇藤，等等。

② 宿根生的有：篱天剑、蝙蝠葛，等等。

③ 当年生的有：红花菜豆、牵牛花、丝瓜、茑蘿松，等等。

解决住宅西晒是一个比较复杂的问题，牵涉面较广，对上述所提出的一些初步探讨性意见仅能供做参考研究。在具体应用中还要根据条件，因时因地，全面分析综合考虑，方能得到预期效果。本文的提出主要是“抛砖引玉”，希望感觉有兴趣的同志共同研究，使之逐渐成熟，以便有助于提高住宅建设质量。

本文曾吸收了西安冶金学院建筑系建筑学专业单自强同学毕业设计专题研究论文的部分资料，说明这里有他的部分劳动。

中国建筑学会 1963 年年会论文

工 业 建 筑

一、柱距、断面、层高等的分析

1. 经济的柱距取决于下列三方面

①荷重；②材料；③层高。

就一般情况来说：在纵向以 6m 的柱距为合适。不论纵向或横向的柱距其模数均取 1m。但对冶金或机械制造车间其模数均为 3m，例如：6、9、12、15～36m。

2. 选择厂房断面

要考虑满足采光、通风和面层结构以及使用上的要求。

如果只考虑过程的要求，可能使平面和断面复杂。若是把平面和断面变为简单的形式，又可能增加建筑的面积和体积，究竟哪种办法经济？根据经验证明，还是采取简单的标准化的形式是经济正确的，例如：

但必须注意到这种简单为简化而增加的面积或体积，在设计中也有规定在某种范围内才是经济的。

这里附带提一下，在工业建筑中因其产生性质不同，对其建筑厂址的选择也不同。例如：精密仪器和钟表制造厂可建造在城市里，其他如冶金、机械制造工厂产生灰尘和毒害气体则不准建造在城市内。

3. 选择层高时要考虑

① 地面的造价；

② 屋顶的造价——单层屋顶面积大；

③ 外墙的造价——多层比单层外墙增多；

④ 外围护结构的总面积——单层对热的消失大（适于产生热量多的厂房）；

⑤ 楼板层的造价——根据荷重的大小确定；

⑥ 一些特殊构件的造价——单层跨度大或多跨时要求设天窗，多层要求垂直运输须有楼梯、电梯等设备；

⑦ 卫生技术的设施——多层比单层便宜，例如：采暖、通风（但在单层自然通风比较容易解决）；

⑧ 厂房的标准化和规格化——单层的厂房更能适应规格化和标准化；

⑨ 车间内部的运输——这是很重要的因素，它决定在建筑时和使用时经济问题，水平运输比垂直运输是方便的，同时火车路也不可能放在楼上。

4. 选择多层厂房的决定性因素

① 土地紧凑——只有向高发展；

② 在城市内的建筑——考虑土地紧凑和土地造价问题；

③ 在楼板层上荷重是很轻的——例如：光学、精密仪器、钟表、纺织工厂（车床重量不大时）；

④ 工作的特殊条件要求侧窗采光——例如很小的构件必须借侧光产生的阴影来清楚地看出很细小零件。但在无窗的工厂中当然就不考虑这个问题；

⑤ 车间内部运输——笨重的东西采用水平运输是合适的，但小的个体、液体和松散的东西采用垂直运输是合适的，例如用气体压缩、倾斜运输带、垂直升降机等。

5. 对设计师们要求的主要任务

用最低的代价满足最大的要求。

① 正确选择厂房的层数；

② 正确选择厂房的形式、尺寸、构造图形，来保证采用标准的构件、结构，同时保证施工组织的方便；

③ 用最大可能解决整个厂房及单独区间的标准方法；

④ 正确地选择厂房的横断面，保证使用或经营上的质量，并使能保证厂房内部一些必需的状况；

⑤ 保证工人工作及健康的最良好条件；

⑥ 正确地选择材料、结构——根据厂房的巩固性和防火程度以及利用当地材料。

决定厂房巩固性的因素：耐火程度，抵抗室内外侵蚀的稳定性，巩固性愈高耐久性也愈大（在苏联根据巩固性把建筑物分成三级）。

在使用上方便程度一般指层高，有无卫生设备，有无方便的交通工具。

6. 工业厂房解决大跨度问题（断面的分析和选择）

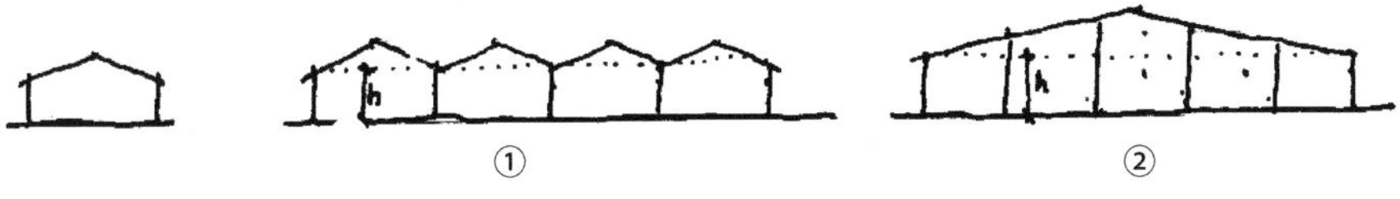

① 称为多坡顶 ② 称为两坡顶

两坡顶势必使屋面很长，空间很大，致使雨水和融雪流量增大，容易把屋面防水层（油毡）破坏、漏水；另外空间增大，不仅使建筑费增加，而采暖的空间也随之增大不经济（如为三班制影响尚小）。

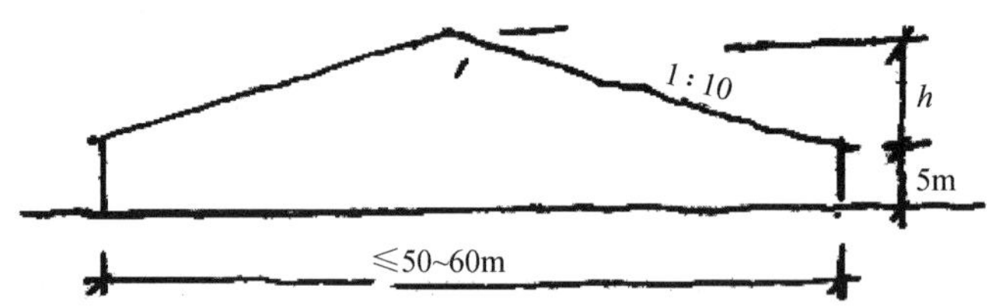

多坡顶的优点：①减少采暖空间；②可用单元设计。

多坡顶的缺点：排水措施消耗投资很大。

因此，跨度不太大的厂房（不大于 50～60m）采用两坡顶比多坡顶经济；跨度大的厂房（超出 50～60m）采用多坡顶经济。

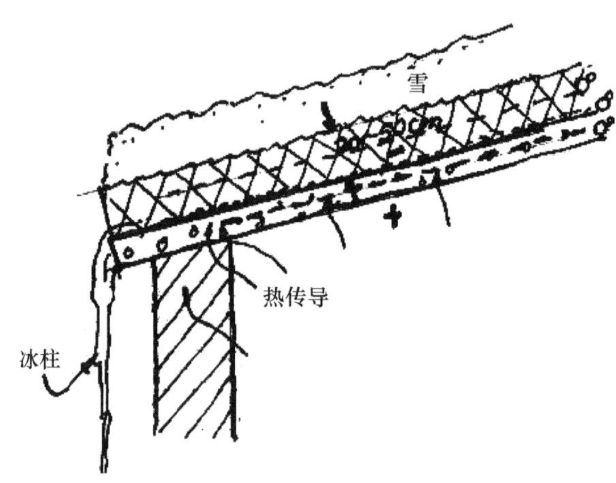

屋顶积雪利用导热办法使水积存太厚，按热工规定一般允许防寒层为 20～50cm 厚。

（1）采光问题

选择天窗是斜装的，对窗自重来讲是不合适的，装、开均感觉不便，而且光线也不均匀，不论在纵横两个方面都有同样的缺点，通风也不好。

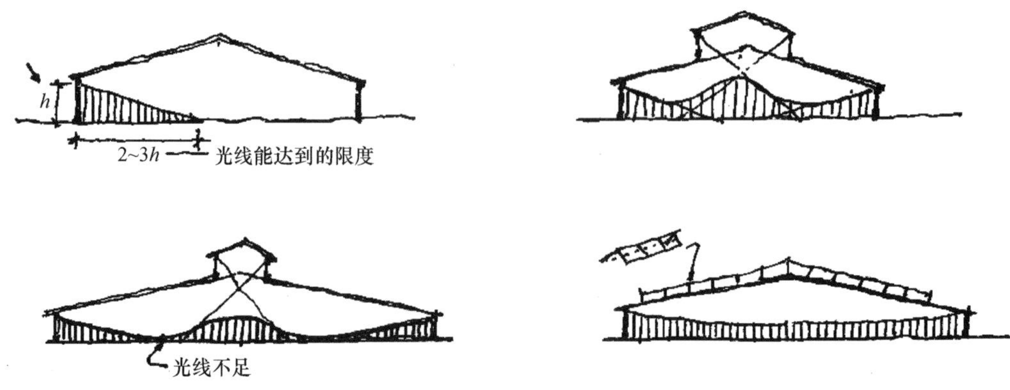

（2）通风问题

跨度大天窗少，就需要窗口大，或另加其他设备使风速加大，但这一般是效果不大的。另外，由此使靠近窗边的灰尘吹向车间内，在中部工作的工人享受不到新鲜空气。可以跨度大天窗少，这对通风换气是不利的，因此，就通风的观点来看，跨度也不宜超过 50～60m。

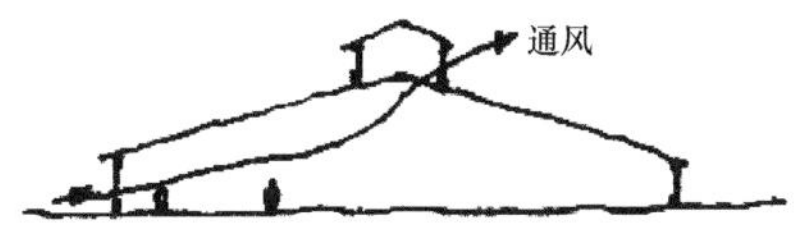

对跨度小的厂房和跨度不大于 50～60m，采用双坡顶是适宜的。多坡顶对任何跨度都是适合的，但对跨度很大的厂房也采用多坡顶那就不经济了。

双坡顶的另一种形式：

多坡顶的另一种形式：

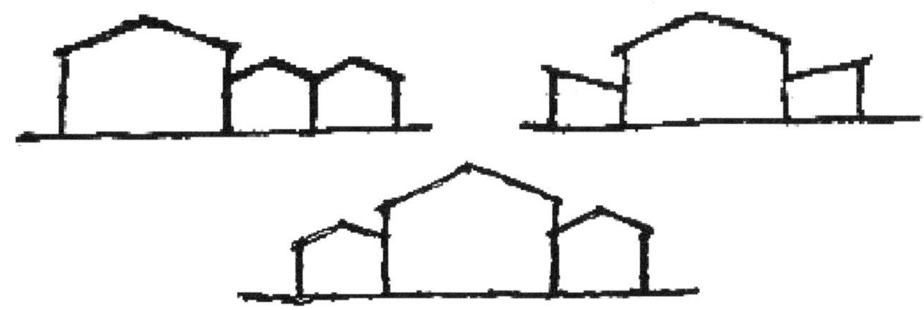

（3）决定断面的条件

① 设备的尺寸的要求；

② 内部起重运输问题——（桥式吊车和铁路）；

③ 工作还需要新鲜空气（即相当的空间）；

④ 通风的要求，实际上不是单纯为通风而做出特殊的设计（如将高度提高），而是与工艺过程联系起来的，但也有时为通风，加做天窗。

⑤ 采光的要求。

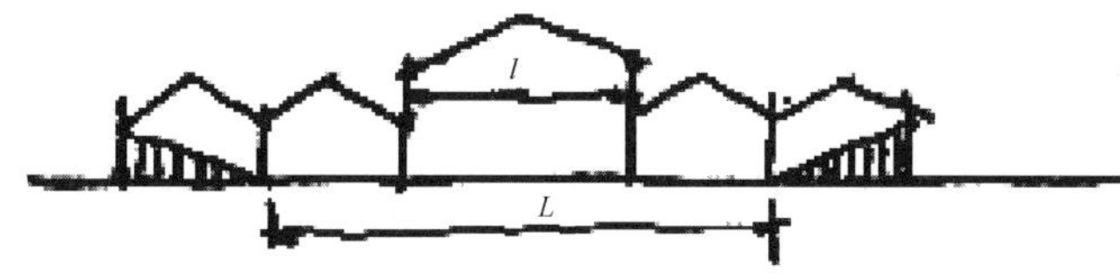

$L=2l$ 这样光线是最好的。

（4）构造方案及标准化

① 方案改变的原因；

② 计算和构造技术得到发展；

③ 建筑材料工业逐渐发展。

更深入研究厂房标准化和经济比较问题。

工业厂房主要构件即是柱和屋架系统，形成厂房的骨架。以往曾采用钢、铁、砖、木作柱用材料。钢作柱是最好的材料，强度大，不易燃烧，重量也比较轻。但作为内柱来说也有它的缺点——价值昂贵，抵抗耐火性能弱，所以在木材加工厂内不允许用钢柱。铁柱有以下优点：有足够大的强度，比钢柱虽较重，但仍可以认为是较轻的材料，它有耐火性，消耗贵重材料——钢材比较少。至于缺点方面，也可以这样说，当作为装饰构件尺寸很大时，就感觉笨重一些。另外也不适于动力荷重。砖柱强度比较小，承受压力尚可，但承受弯力就弱得多，消耗劳动最大，不适宜担负集中的荷重（如桥或吊床），优点，材料的生产便宜。木柱若是从它的强度、容易加工、重量轻这三个方面来考虑，它的功能仅次于钢材。但它的缺点是可燃的，容易腐蚀的。因此，用木柱是特别危险的，工业厂房不适宜采用木柱，只有在次要厂房，耐久性要求不高，且无引起腐烂之患时，才可使用木桩。

现在采用铁柱最为广泛，它具有速度、稳定、耐久、工业化等优点。

① 屋架系统

钢材屋架重量轻，但不能耐高温（火），而又是贵重材料，一般 12m 以下的跨度时不采用钢屋架。

铁屋架，不腐烂，不燃烧，消耗贵重材料（钢材）较少。但它的缺点：当跨度很大时，铁屋架必然很重，所以，一般限跨度在 12～15m 或更小些，但如果采用拱型屋架也可以得到较轻的重量，使跨度增大（一般在 18m 左右）。

木屋架，强度大，易加工，质轻，适于做屋架，但其易燃烧，因此这就限制了使用木材作屋架。

② 柱距

在横的方向随着生产的要求来决定，不受限制，但要符合模数的要求，在纵的方向一般不超过 4m。

小跨度厂房（不超过 12m）而且无吊车，这是比较次要的厂房，可采用砖柱，木屋架或铁屋架是经济的。

二、平面布置及分析

1. 标准单元

在车间的中间、端部、旁侧、转角等部分，可采用标准单元。

标准单元是在模数系统中研究出来的，它是由柱跨、柱距和层高各方面的尺寸来决定。下列建筑均可以进行标准化设计：

小型机械工厂、建筑车间（铁质造车间等）、仓库、修理车间、高炉车间、化学进煤车间、马丁炉车间、行政福利建筑、运输建筑（机车库等）、卫生技术建筑及构筑物。

2. 万能车间

在工艺过程改变时，不使车间拆去重建，也就是使理论折旧和实际折旧（即厂房整个破坏）产生间隙。理论折旧即厂房建不久，但已不能满足生产要求。理论折旧与实际折旧的间隙为20～30年。

所谓万能车间并不是把加工车间改成铸工车间，其功能允许改变的范围：

①改换车床；②重新布置车床；③改变生产线的方向；④改换起重运输设备；⑤改换起重运输方向。

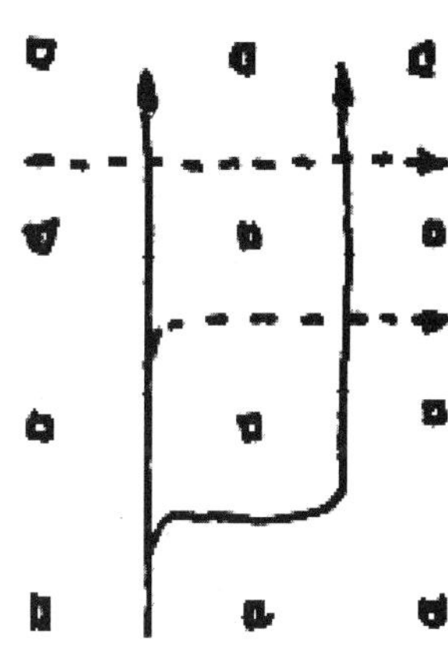

（1）万能车间的特点

① 柱网的纵距很近似横向距离；

② 运输不与柱子连接在一起；

③ 车间的高度在所有跨度中均应相同；

④ 设备上的基础是把单独基础用整个基础来代替；

⑤ 屋架布置方法（有屋架梁）；

⑥ 天窗的布置；

⑦ 内墙的设置。

（2）对万能车间的要求

① 柱网：

a）柱距不论在什么情况下，不能小于12m，模数=6m。

b）柱网最好是正方形：12×12、18×18、24×24，长方形柱网如12×18、12×24、18×24亦可。但15×15并不好，不符合6m的模数。

② 运输：主要运输设备就是桥式吊车（起重量一般在10t以下2～10t，但也有10～50t，50t以上最好）。研究万能车间的运输，以大于10t为对象，在小于10t起重量一般不采用桥式吊车，而采用悬挂式的吊车，即悬挂在屋架的下弦上，这样可随便调换，而且也不增加造价，悬挂式的单轨优点可以随意转弯，当然它的起重量是不大的，但由几个加在一起其重量也不小。用这种吊车层高可由7.0m降至4.5m，对造价来说可降低30%。另外，也研究一些地上传递运输。

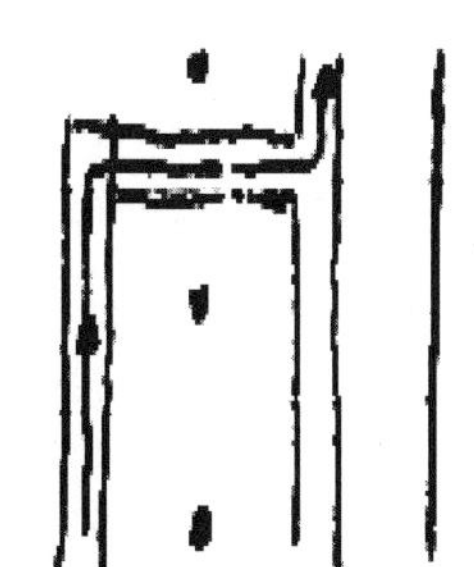

此图表示吊车转换方向

③ 车间地面均应在同一水平，以便地上传递运输。另外，各车间的层高均应相同。像 a、b 图所表示的提高，对造价影响不大，特别是 a 图的提高方式反而经济，因外墙变少了。

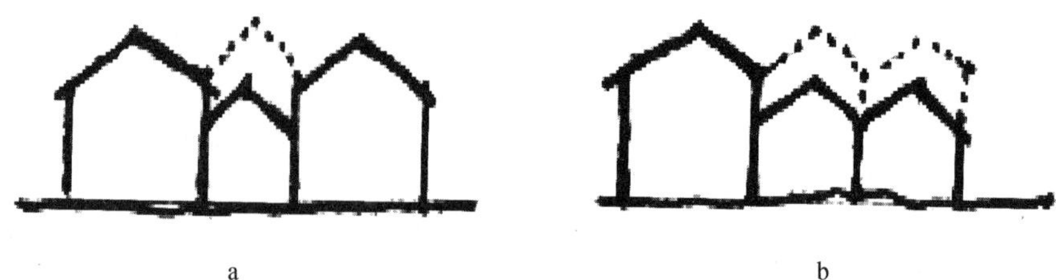

a　　b

④ 为将来改变设备安装的方便起见，要求做整块的设备基础，在基础上可做地面，安装设备、地上运输、传递等设施。

⑤ 屋架布置。

如图为正方形的柱网，就无所谓屋架梁了，都变成屋架。

屋架

屋架梁

⑥ 天窗。

3. 生活间

（1）挂衣室

在 1、2 类生产车间，外出服、家庭服、工作服可放在一个车间，但工作服须分开（在同一房间），灰尘很大的其余几类生产车间，工作服须另设挂衣室。但也有在 1、2 类生产的车间有少数工作服是脏的，须另设挂衣室，但为数很少，又不值得，因此就把全部工作服给分开单独设。还有穿过式的淋浴室可能设三个挂衣室——外出服、家庭服、工作服。淋浴室也可和换衣室连通起来。

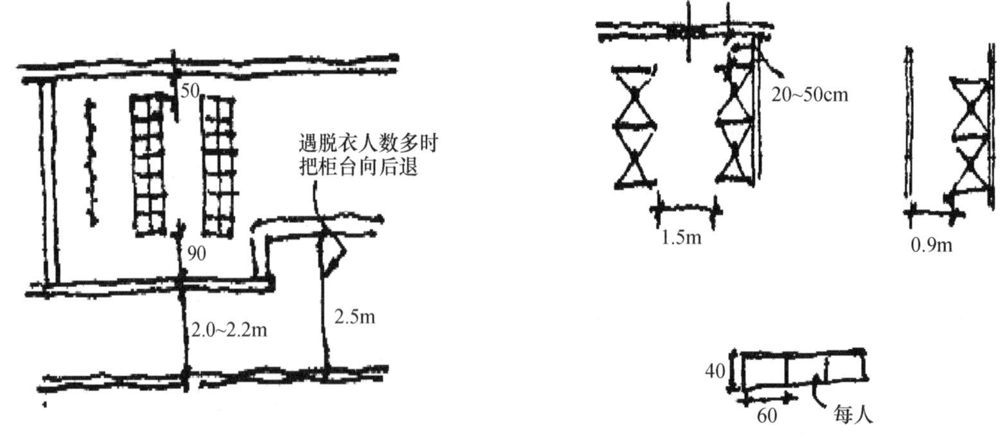

（2）淋浴室

在第 1 类生产车间可不设淋浴室，但有少数工作比较脏，就需要淋浴室，设计师可与工艺工作师研究有多少人需要淋浴（例如：喷漆工、机械修理车间的锻造工）。

需要淋浴多的淋浴室按在册人数 90% 计算，另外减去不需淋浴的人数，如需淋浴少的淋浴室，即按需求淋浴的那部分人来设计。

淋浴头如必须靠外墙装设，则其隔墙至少离开外墙面 20～50cm，双面隔间的距离为 1.5m，单面隔墙离开墙 0.9m。

淋浴室地板的坡度为 2%，每 4 个雨篷头大约用一个地板漏水碗。淋浴室设有外间作为换衣室，但如为一个雨篷头，则不必单设换衣室。超出 4 个雨篷头，换衣室与淋浴室中间须设套间作为蒸气缓冲地带。换衣室凳子每个雨篷头可供给 4～10 人使用，根据生产情况来确定。干净的可 10 人用一个。沐浴的时间一般由 15～30 分钟都得洗完。进淋浴室的入口可从走廊进去，也可从换衣室进去。

① 贯通式淋浴室：有的生产要求到车间前和工作之后，须经过淋浴。因此，采用贯通式的淋浴室就比较合适，可以限制所有工人都能进行淋浴。

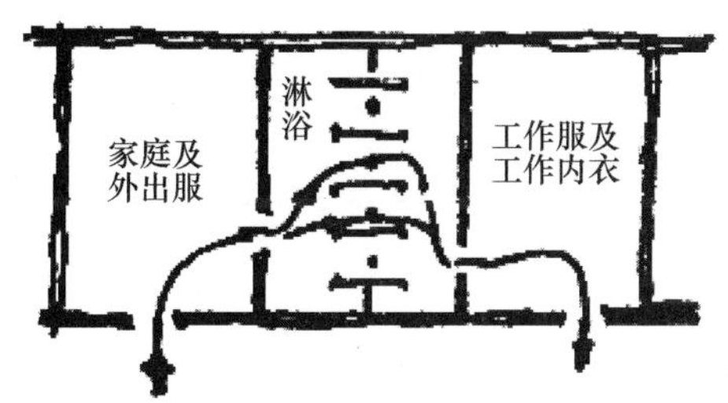

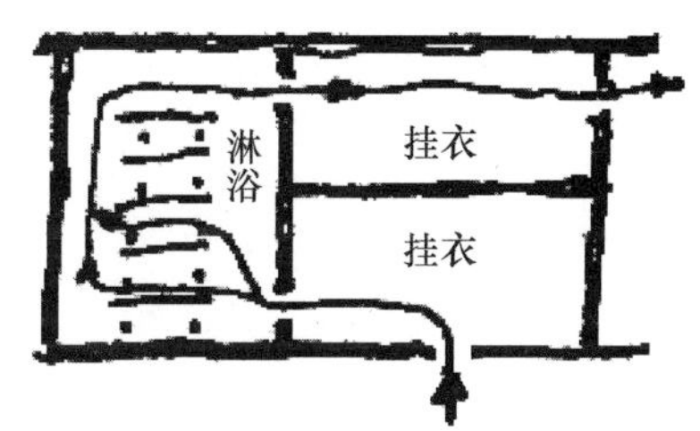

② 盥洗间：脏的生产每 10 人用一个水龙头，比较干净的生产 30 人用一个（应把使用淋浴的工人数减去）。生活间盥洗室的设备与车间内的洗手设备不应连在一起计算，也就是车间的洗手设备不应包括在生活间内。

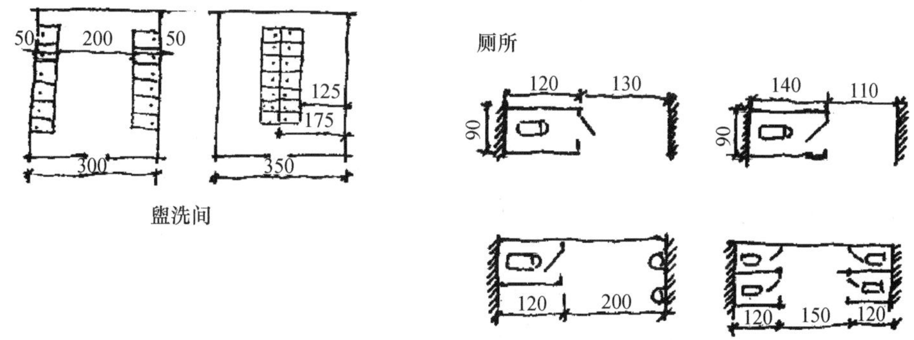

厕所设有外间，内装洗手盆，每 4 个大便器设一个洗手盆。

4. 进餐室

取决于离中央食堂的距离和换班休息的时间。

小卖店基本是售冷食和茶。一般由进餐的餐厅辟出一部分，设柜台和货橱，面积约计每人小于 $2m^2$，小卖店另有仓库、烧水间、洗涤间。

加工食堂是加热或将半成品煮熟。

5. 办公室

办公室它本身不是生活间，但由于经济观点常把办公室和生活间接合建造。办公室一般每人按 $3m^2$ 计算，画图室每人按 $5m^2$，首长或车间主任没有定额，要看是否在他的办公室开会。办公人员的数目约占工人人数的 10%～15%。

6. 生活建筑

有些生活用房可与生活间分开，例如厕所（视距离远近而定），或工长用房均可设在车间内。

生活间有四种布置方式：

① 离开车间的单独建筑物。

② 毗连于车间的建筑（边房）。

③ 布置在车间内部的建筑物（嵌入的生活间）。

④ 车间地下的建筑物。

（1）离开车间单独建造的生活间

须用保温过道连接起来，但这种过道为避免阻碍交通或火车的通行，不宜设置在地面上，一般设在地下或凌空。如有火车通过其高度须在 5.6m 以上。

优点：

1）当人流到车间必须与货流交叉时可用此种形式。

2）可自由地布置生活间的平面。

缺点：

1）建筑费贵，这是因为：①必须特殊设置过道；②增加管道的长度；③外墙增多。

2）使用路线加长，如超出 12.5m，又必须在车间另设置厕所。

3）根据防火的需求必须与其他建筑保持一定的距离，因此增大了总平面的占地面积。

一般在不取暖车间、采矿地大生产车间，或露天工作场，以及在人流交叉严重情形下，可考虑采用单独的生活间，但无论如何一般是不采用的！

（2）毗连于车间的生活间

这是最普遍的形式，不详述。

（3）布置在车间内的生活间

造在内部有三面墙可不须保暖，但为防止车间声音或毒物的侵蚀也需把墙加厚，另一方面生活间较车间低，因此上部空间不能采用。所以，当生活间层高与车间相等时，或把生活间地板提高，下部仍作生产用，那么在这种情况下，就比较合理，但车间内必须不产生有害物。

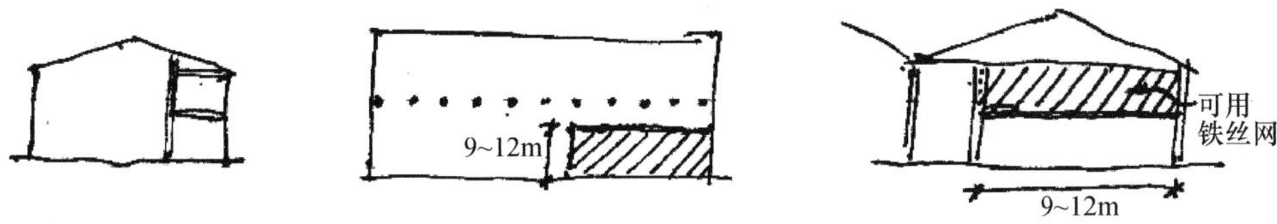

最近这种布置方式也比较广泛采用，当车间不太高，又无桥式吊车，而且是比较清洁的一类生产车间。

在造船厂有把生活间设在柱子中间。

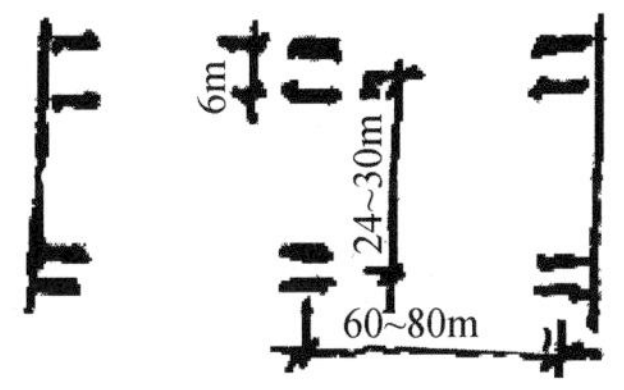

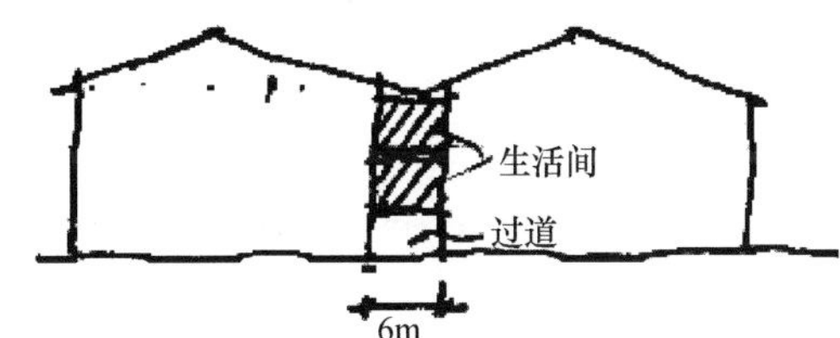

（4）地下生活间

当车间面积很大时，不论从哪一工作地点到边房距离都很远，因此，就有必要把生活间设在地下室，但造价是昂贵的，特别当有地下水时，要耗费较大的投资。另外，必须设有良好的通风设备，其次地下排水困难，必须设置水泵。

300~400m
400~600m
也可把甬道延长
直接到达工作地点

生活间平面布置必须遵守的情况：

① 生活间应与生产有害物隔离开，并应保持正常卫生条件，生活间与车间必须用过道或前室隔离开。

② 必须有正常的采光。

③ 生活间一般可设有：挂衣室、淋浴室、厕所、妇女个人卫生间、除尘室、干燥室、吸烟室等，当设计边房的生活间，过第一层须划为生产用房时，那么在边房下面也可作地下室。

生活间的高度，由地板至天棚 2.5～2.8m。如为多层建筑时其模数一般为 20cm 或 30cm。对办公室来说其净高应不小于 3.0m，地板到楼板为 3.3m。如同一层既有生活间又有办公室，则当取其最大值 3.3m，房间进深应取决于窗高和层高，例如超过 7.0m，则采光即不好。

办公室、进餐室到车间的过道应与生活间的过道分开。

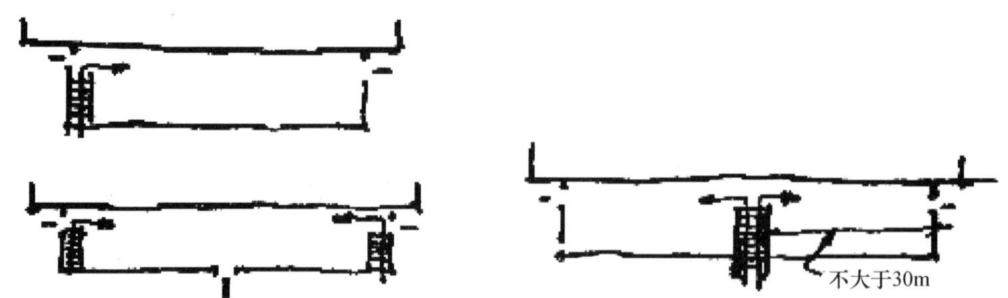

当人流很多时，入口可不经过楼梯间，另设入口，入口布置在过道尽端时，则必须另设门斗，因此，也带来过道光线、通风不良的缺点。

这是当男女工人数相等时，而且也比较多的情况，采取这种布置。

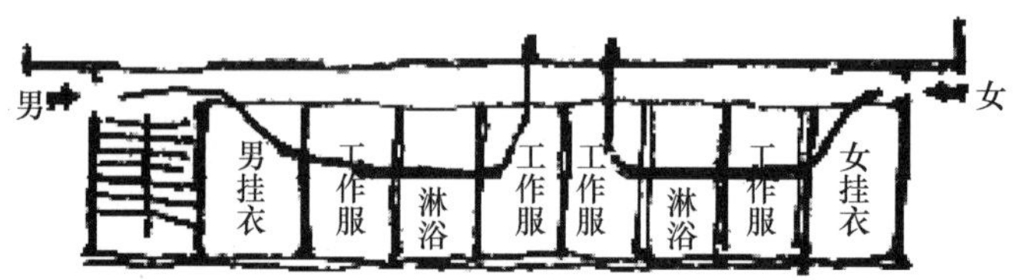

食堂、小卖店可布置在二三层楼，一般生活间建筑的层数可达四层楼。

楼梯间的宽度可根据人流计算，不一定是 4.00m。

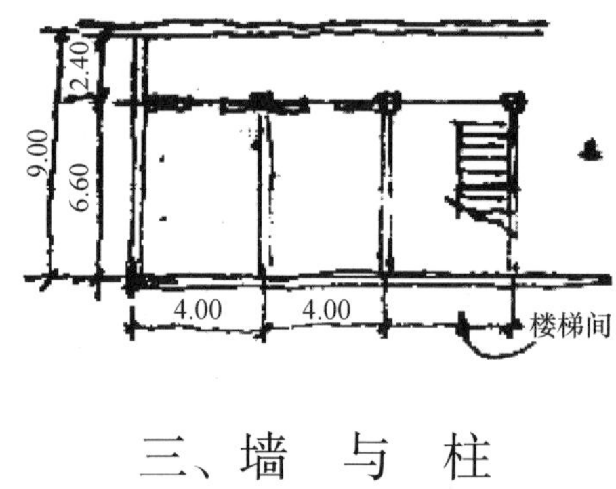

三、墙　与　柱

1. 工业厂房墙

工业厂房的墙一般可分为两类：

① 承重墙。

② 骨架墙——a. 自承重的填充墙；b. 悬挂的填充墙（即重量放在梁上）。

当厂房跨度不大而且设有吊车，一般都用承重墙，但设有小型吊车也可以做成壁柱来承担吊车梁，该项壁柱最低要用砖或混凝土来砌筑。如果设有吊车可用泡沫硅酸盐或泡沫混凝土来砌筑墙身，但壁柱仍须用砖或混凝土来砌筑。

在工业建筑中很广泛的是采用骨架墙，其原因：①在工业建筑中外墙的玻璃往往比墙面来得大，因为在民用建筑中要求达 4m 进深即可。但工业厂房则要求达到 12m 进深。另外在热车间内虽不要求那样大的来充面，但为了良好的通风，也要求窗的开口大。因此使窗间的墙面很小，为墙身稳固起见，必须加厚墙身，这就影响车间内的使用面积，所以改用骨架墙；②具有很大的屋架集中荷重；③具有吊车梁产生移动的集中荷重。

骨架墙由两种结构组成：①围护结构；②承重结构（骨架）。

采用骨架墙有两个优点：①骨架的柱子是用很坚固的材料做成，因此截面小可不占用较大的车间面积；②围护墙不承重可用便宜的材料来做成。

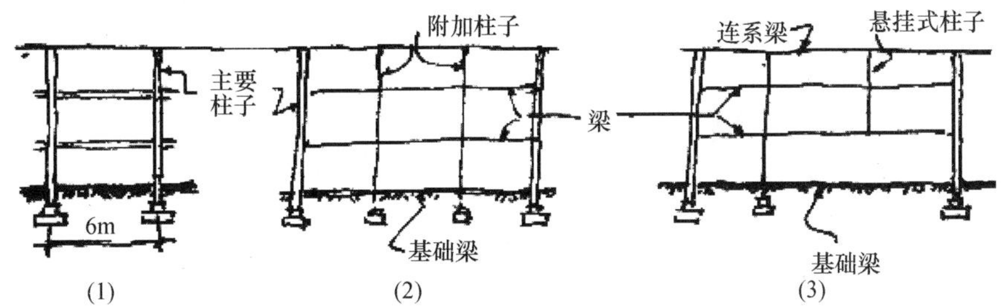

1）由柱和横梁组成的柱距的极限一般为 6m，但当重型车间根据生产的要求也可做到 7.5m 的柱距。

2）附加的柱子仅担负墙的重量，不承担屋架和吊车的重量。

3）主要骨架柱子与墙身的结构有下列五种布置方式：

- 室外
+ 室内

(a) (b) (c) (d) (e)

（e）对车间内部面积比较经济，但对大型厂房来说没有多大的意义。可是预制钟表的工厂桌子须靠近外墙安置，而且或可能有运输带，在这种情况下，那么这种结构就有必要，对仓库来说也较适合。

（c）（d）（e）三种形式对热工来说是不利的，需要加做保温层，但在热的车间可不做保温层。另外对屋檐来说也使结构复杂化。从工业化来说以（a）的形式为最好，它可不管柱的大小，只要柱距合乎模数化即可。所以用大板材和大块材只有用这种形式才适合，如用（b）的形式，可做成这种形状。

做骨架的主要材料以钢筋混凝土和钢材为主，但也有用混合材料，如用砖柱、钢筋混凝土梁，填充材料有各种不同的材料，比民用建筑多得多。例如：石棉水泥、砖、泡沫硅酸盐、泡沫混凝土、多孔砖等等。

现代化起重机可吊装长达 12m 重量为 10～15t 的柱子，假设重量过重，可将柱子分成两段制做，吊装后进行焊接。

靠外墙的柱子在纵向因有墙的支撑，所以厚度可减小，但在横向设有支撑，应加大，结果做成长方形，内柱一般四边力量相等，可做成正方形，但一般仍做成长方形，原因是：①一侧装上了屋架，另一侧尚未安装屋架，因此产生不平衡的力影响柱的稳定；②如有积雪一侧已清扫，另一侧尚未清扫，仍能产生不平衡的力。但在上部的小支柱仍做成正方形。另外也有把柱身做成空腹式、桁架式的以减轻柱子的重量。

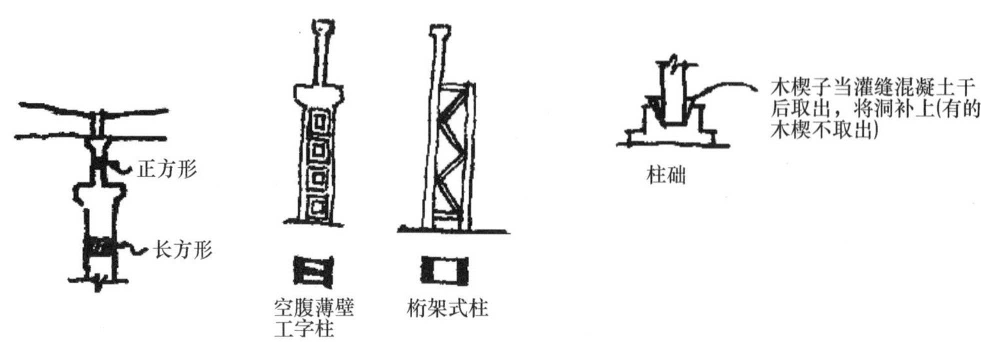

基础梁的周围土壤水分很多，有膨胀的可能时，则在基础梁四周用干砂或矿渣填充之。但如果土壤水分不多可不需填充，仅在地面作反水坡即可，材料一般用素混凝土。

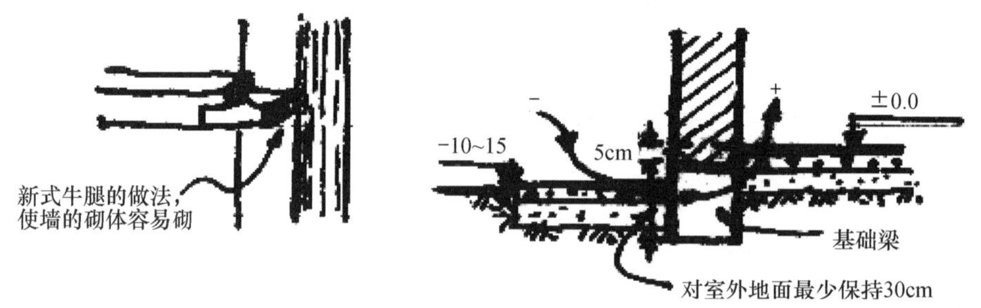

基础梁比室内地面要低5cm，目的是使冷气渗过基础梁，还须渗过地面到室内，这样对热工是好的。基础梁的规格一般为20cm×45cm，如墙厚的话可设双梁。

吊车梁的固结、钢轨与吊车梁的固结方法：

工厂用的钢柱子形式：

① 格子空心式——一般用槽钢或工字钢组成。

用角钢消耗劳动力大，不常用。

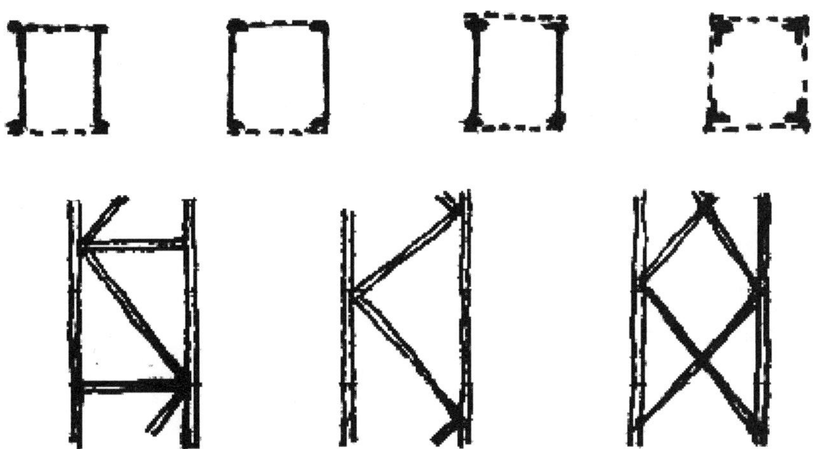

② 实心式（带腹板）。

用工字钢或扁钢组合起来的。

用格子空心式柱节省钢材，但消耗劳动量比较大，用实心式柱子消耗劳动量比较少，但钢材消耗得多。因此，当柱子尺寸大时，采用格子式空心柱是合理的。

当吊车起重量小于 20～30t 时，则柱子断面上下取一致，即上柱不必缩小。但当起重量再大时，则须将下柱单独放大。

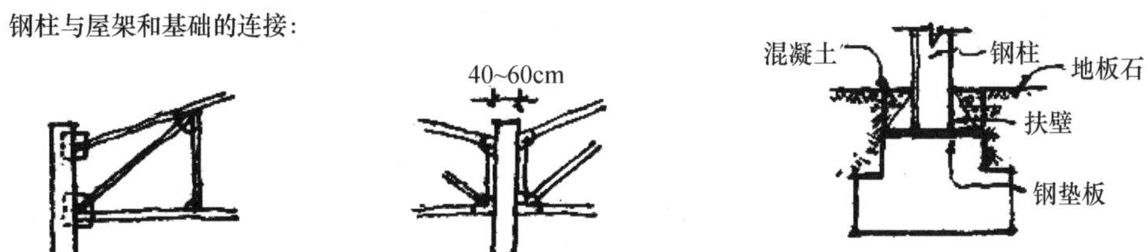

钢柱荷重很大，其下端须垫以适当厚的钢板，使其荷重均布在基础上。此种基础不适于用石料砌筑，须用钢筋混凝土。钢柱的柱脚须埋在地板面下部，以求不妨碍使用，但不应过深以免多消耗钢材，通常将扶壁部分能埋入地下即可。柱脚在地下部分须用混凝土包上。

2. 围护墙与钢柱的连接

（1）工业用的板材

板材长度根据柱距 6m，高度取扩大模数 30cm 即可，具体尺寸不限制，一般为 60、90、120、150cm。最多的采用 120～150cm。60cm 的板有时用于屋面作为补充。

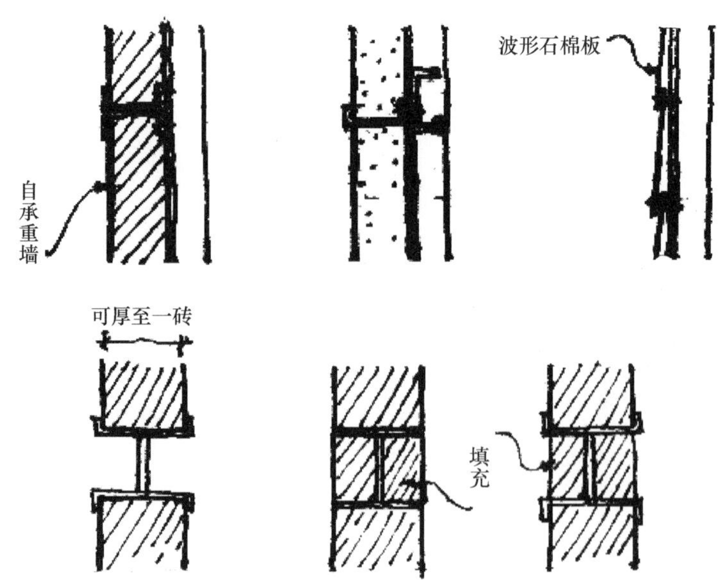

（2）屋架大型板材

轻的板材可直接安置在上弦上，所谓轻板材，每平方米不超过 100 公斤，如为重型板材，必须搭在上弦的结点上。因此板材就须做成槽形的。

四、屋顶设置问题

1. 屋顶

屋顶这个词有的理解为屋盖，也有的理解为屋架系统，我们要理解为整个放在屋子上面的部分，包括上边的薄壳，也包括屋架系统。因此，可以说是由二部分组成的，即由围护结构与承重结构。

对工业建筑屋顶的要求：有使用、管理、经济等方面的要求，这和其他所有建筑物所提出的要求是一致的。

1）按其造价来讲，屋顶的比重较大，达到总造价 16% 以上，若使屋顶形式复杂化，则更要增加其造价。

2）工业建筑中的每个构件，以及整个建筑的标准化有特殊重大意义，它可以大量降低造价、缩短工期。因此，工业建筑的屋顶要有最简单的形式，这就可以使用同一构件。否则如屋顶出现曲折或交叉等情况，都是增加复杂性和提高造价的因素。

3）屋顶的使用管理。工业建筑屋顶管理问题是很重要的，若设置多余的坡度、交叉、天沟，这就使管理上更加复杂。因此，在工业建筑中所采用的屋顶形式，最简单的如下列的形式：

在屋盖的端部也不采取马尾式，而是在山墙处设置骨架墙，作硬山到顶，这样使结构更轻些，也是比较简易的。见下图：

2. 屋顶材料之选择

屋顶材料之选择是由多种因素来确定的。

① 经济的因素。

② 火灾危险的程度。

③ 室内状况的性质——即使用管理的条件。

④ 结构的观点。

（1）经济因素

要求采用最便宜的当地材料，不应从远处运材料，但是这个条件有时是困难的。如砖、石为当地最便宜材料，但屋顶用砖石对工业化结构是不便宜的，对工业化的程度它是最低的，对屋内之保温层来讲，则又极宜使用它。

另外，则是如何节省最贵重的材料，这在建筑上是特别要强调的。在所有可能条件下，都采用其他材料代替钢结构，因钢为不燃烧材料，故首先以（钢筋混凝土）代替，这不仅是希望，而且在规范中加以规定。

（2）火灾危险程度之要求

火灾危险程度之决定，是看房间内部存放的物品对火灾燃烧之程度，若有可燃烧的工艺过程、成品发火……这就不能采用木屋顶。但也应指示，屋内虽无可燃烧的原料，但木屋顶的采用也受到限制，因为木屋顶它能帮助火灾的发生。因此，木屋顶是当里面无贵重设备，跨度不大，生产工艺过程没有发生火灾的危险的情况下，才能采用木屋顶。

（3）厂房内部状况的性质

此种因素对屋顶材料的选择起很大的作用。对生产有害物是有很重要的意义，高的温度、湿度以及化学分泌物，这些有害现象对结构是有腐蚀性或破坏作用。因此在下列情况不能采用木结构，即相对湿度超过 70%，在屋盖下的温度超过 50℃时，以至屋内设备有辐射热在屋架内表面达到 70℃时，也不能采用木结构。

硫酸酐及亚硫酸酐气体 SO_3、SO_2，它们对木材是有很大的影响，这些气体在物体表面及屋顶内面碰到空气，便变成硫酸及亚硫酸，这样年代一久，木材便被破坏，甚至表面都变成粉末了。

钢结构也怕一些化学气体的侵蚀，因此钢结构须予加保护，也就是须有特殊的构造形式（如不使有存水的槽沟等），钢结构的管理费用也是极贵的，故最好不采用钢材，而采用其他的稳定材料，如钢筋混凝土、砖、石，它们对抵抗侵蚀性是很大的，根据这种性能它们能保证工业厂房屋顶结构的耐久性，但前面已经提到了砖石在工业化程度上是不高的。

（4）结构耐久性要求之程度

木结构耐久性最小，它的使用期限为 20～30 年，钢筋混凝土、砖、石使用年限最长的一般都可超过 100 年，钢结构居于二者之间，倘若对钢结构加以很好的保护，也可达到 100 年与钢筋混凝土相同。

3. 屋顶承重结构

在大量性工业建筑上经常采用屋顶结构系统的类型，一般有平面系统及空间系统。空间系统具有一系列的优点，由于所利用的材料能在各方面起它的作用，这就使结构减轻了，能紧跟着改变荷重，这可以大大节省材料，如在大跨度屋顶采用薄壁则效果更大。

除此之外，从建筑工业化来讲，也有其缺点，因为它不能满足对工业建筑提出一系列的要求。其主要缺点是工业化程度低，在最近几十年来，大大进了一步，首先拟定了装配或钢模的建筑。

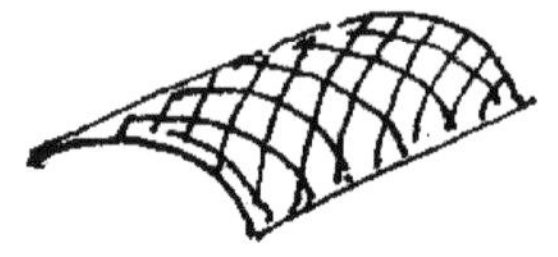

其工业化程度，主要是采用了可动模板，它对浇注钢筋混凝土是不需要大量的不动模型及脚手架，由于有了移动板，便采用了此种空间系统的结构。

另一缺点，它不适于担负很重的集中荷重，如悬挂吊车，但这是说不是不能负担集中荷重，而是说不适合，因为它具有的经济性的特点所决定，如用吊车则它的优点就没有了。

还有一缺点，拱身不能设置长而较多的通风口或采光口，由于以上的缺点，它的应用范围便大大降低了，在下面情况采用空间系统是合理的。

① 在不需求很大照度、通风的情况，而完全用侧窗即可解决的。

② 需要充分利用室内空间的，如堆栈杂散品的食库。

拱在纵墙上有很大的洞时，便将重量分配到两端的墙上，这是它的特点，同时，也适用于圆顶幕结构，交叉拱顶。

当跨度相当大时，若以空间系统代替平面系统，可以大大节省材料，它在大量性公共建筑中也常看到有拱圈薄壳、薄壁折壳、薄壁双曲薄壳等。

拱圈薄壳：

此种弧线有各种类型，其高度不能少于 1/4 宽，实际中常比 1/4 还高。高度也不能少于 1/10，此种特点，在拱脚处无水平推力，因此，在横面没有纵墙及拉杆，这是很重要的优点。在两边的端部一定要有端部横隔板，其作用是保证拱圈之形式不变。

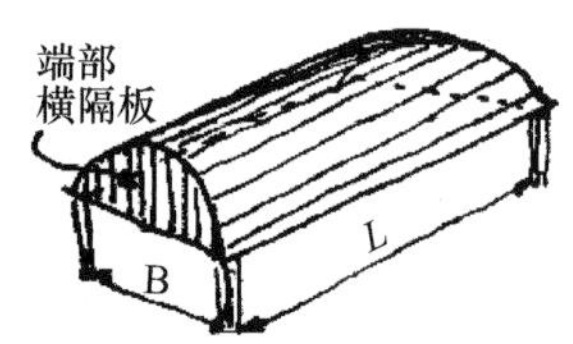

当然此种横隔板也可开一些洞，但它必须支承在下边的承重墙上或支挡在坚固的横梁上边托在柱上，或不要坚固之栋梁直接放在柱上，其横板之厚度为6～8cm，故需在下部靠近柱上加厚，因此，在纵的一面像是钢筋混凝土梁似的在进行工作。

在边跨为采用内部排水时，则檐部断面采用这个形式。若在中间跨则形成天沟，如：，采取内外排水均可。

拱圈上边部分可以开窗的，但不能超过1/5～1/4，在天窗边上须加做钢筋混凝土边框，里面须设柱筋。其优点：可以构成很大空间而没有支柱，其长度与宽度之比即L/B=2～4，在实际建筑中L达到40m，所以设B=20m，则$20\times40=800m^2$，即$800m^2$无柱的大房间，若厂房很宽则可设置一系列的拱圈，但为了采光的问题，尽量使L不要太长，这样可以从山墙采光和通风。如a图。

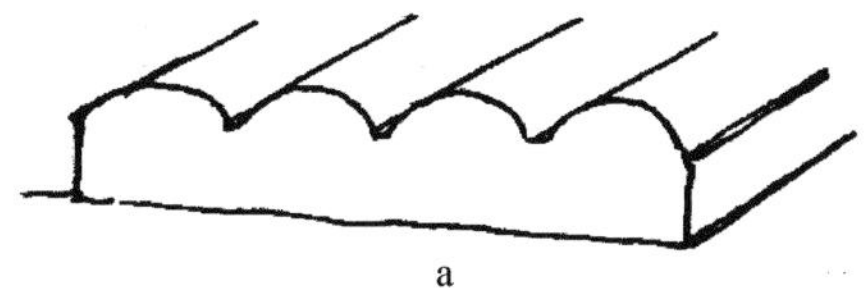

a

其次一种形式是纺织工业里面有代表性的形式，如b图。

采用这些形式，在施工中主要是采用可移动的模板。

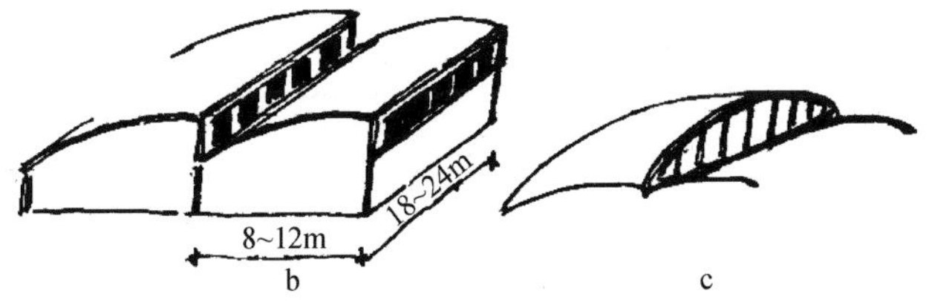

b　　c

这种形式不能采用可移动的模板，但现在已研究了新型模板，所以也得到了发展。

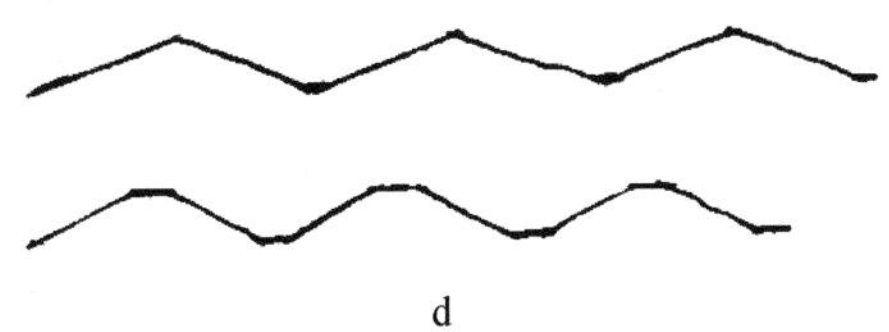

d

这种形式是比较常用的，它们同为薄壳的断层结构。

此种折式结构与其他薄壳之共同点与不同点：

就形式来说，仅是三角形的折壳，其承重情况及在其下部承重部分须加厚多放钢筋，这与拱圈薄壳相同，也同样处理开天窗的问题。每个平台都像板子一样地工作着，若宽度较大，则板需加厚，为使板不至加厚，每段都不超过3.5m，这样折壳板厚度不超过10cm，折壳之高度不能小于长度（L）之1/10，即L=20m时为最经济。但也可大于20m，这时其倾斜角度要更陡些，一般使其倾斜角$\gamma\leqslant30°$，否则需用二个模板。这种结构形式比拱圈要重些，其优点是形式简单，施工容易。

4. 平面系统

是由于工业化程度日渐要求提高而被采用的。它可在附属企业——工厂里面制造，而到现场装配。如果它本身构件很大时，则可分成数个部分，到现场再可拼凑焊接之。这种结构是可以采用预制装配式，也可以在工厂里装配制造，总之主要是为了满足工业化的需求。

此种平面系统的屋架形式和种类是非常繁多的，即或是定型化的也是繁多的。其形式的选择也是根据很多的因素：

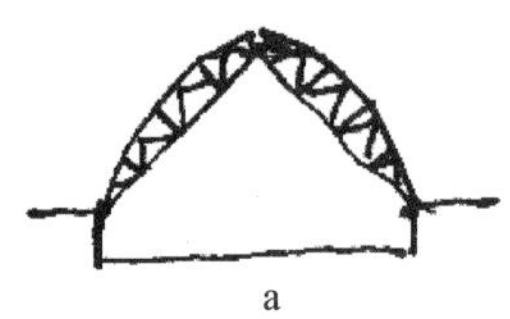
a

① 对屋盖的外形及内部形式，有关建筑艺术方面的要求。

② 利用高度向上扩展，适合室内空间的特性（a 图）。

③ 自然采光及自然通风的因素，根据天窗的有无可能改变屋架的形式。

④ 看是否有阁楼之屋顶。

在工业建筑里，可以采用有阁楼的屋顶，那就是在下弦上能固定悬挂天花板及楼板层。但也不是所有建筑都能做到这一点，倒是有一种梁式实体屋盖结构，下边再挂上天花板，这样便使之分隔成若干死的过间，这样从防火的要求来看，是不允许的，若有阁楼时则须采用纵向透空的屋架形式。

⑤ 跨度之大小。

当跨度大时，采用实体梁式结构是不利的，跨度愈大，采用拱形为最有利。

⑥ 荷重之性质及加荷重的位置。

并非所有平面屋架系统均能担负很大的集中荷重，木结构以钉子钉的屋架（拱形的），此种屋架仅能在上边承担荷重。

⑦ 屋面之材料。

各种不同的屋面材料，对屋盖坡度的要求是不同的。板状屋面要求坡度是陡的，如板状石棉板、页岩板等，而卷材屋面则不能坡度大，超过 30° 时，则当炎热天气时沥青容易流淌。

⑧ 结构制造、运输及安装之条件。

这就看附属企业生产材料构件的可能性，而选择完型的构件，对大的结构制造是否方便。

⑨ 经济要求。

结构须便宜，能节省贵重材料，而且也能缩短工期。

5. 各种屋架形式及结构

（1）木屋架

a. 键结构木架——先将木弯曲，凿刻后加上木楔，然后使其伸直，则所有木楔均能紧密，不至松动，如下图。

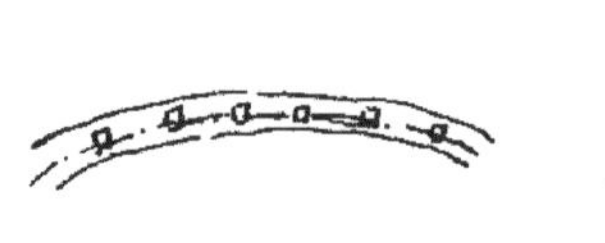

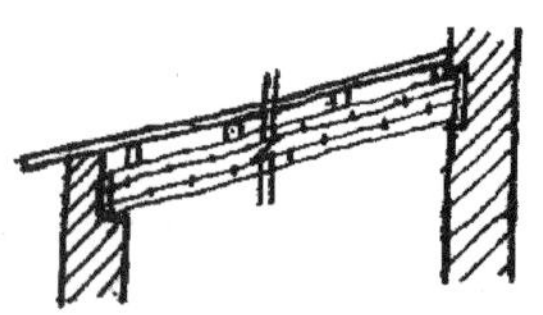

b. 胶结木梁。

这种梁的优点：可利用较小的或质量较差的木材，唯一应注意的问题，即使接头互相错开。

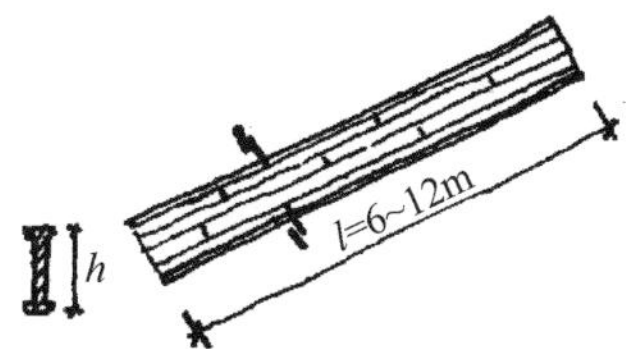

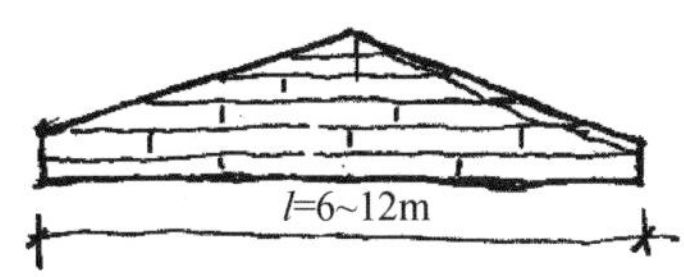

凡遇有阁楼和吊天棚的屋顶不能采用腹板梁，该腹板梁的优点：即作腹板的材料可用劣质材料，并不需很高技术和设备。其缺点：不适于工业化，仅能用手工制作，例如钉钉子。

（2）槽式桁架

缺点：手工业生产，消耗劳动量大，要求技术熟练的工人；重量大消耗木材多，当受压后有显著的下垂现象。

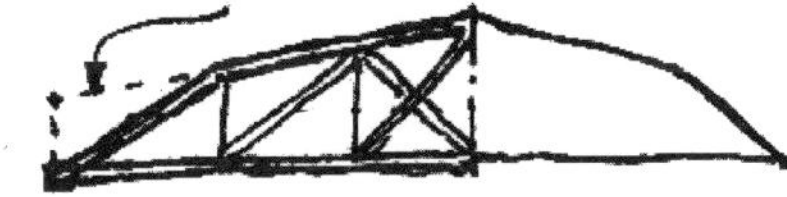

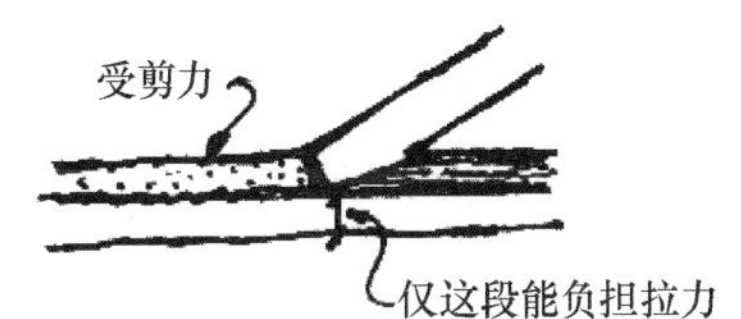

当要求特殊形式或无木工企业以及下弦杆须有负重时，才允许采用此种桁架，因此近几十年来采用的范围愈来愈小。

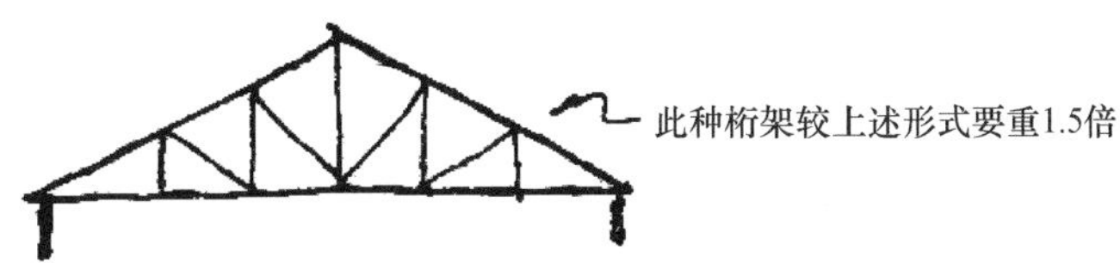

（3）弧形桁架

这种形式是用钉子钉的桁架，用在较大的跨度唯一的形式，这种桁架腹杆所以能用钉子钉的理由：因系弧形可起拱的作用，腹杆受力小，但为防止变形仍须加腹杆。

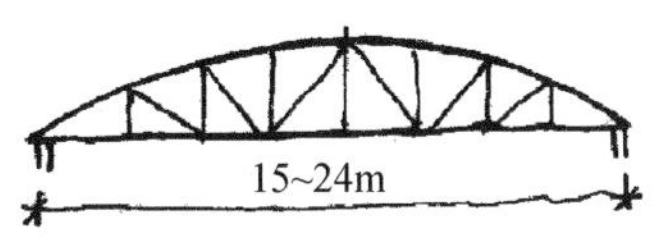

优点：轻，节省材料，制造并不复杂。

缺点：因有钉子，不可能工业化，因此采用范围缩小。另外消耗金属（钉子）比较多，而且这种屋架的优点只能体现在均布重的情况下，相反有集中荷重时，则优点也就没有了。

（4）装配式拱和桁架

体轻，可在工地装配，运输方便，在上弦杆任何地方都可以加荷重，在战后得到广泛采用，经验证明这是很好的形式。

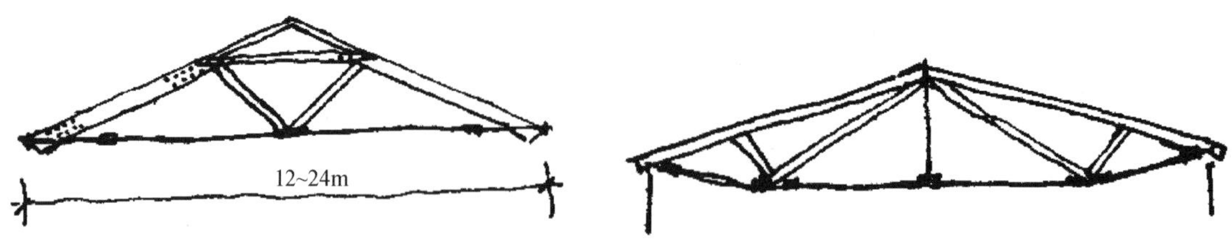

这种桁架适于屋面坡度小时，并安装方便。

（5）钢和砼制造屋架

现在苏联广泛采钢和砼屋架，特别是多采用砼屋架。

砼屋架系统：

1）T 形砼梁

此种梁的结构是采用预应力的，最合理的跨度在 15m 以下。

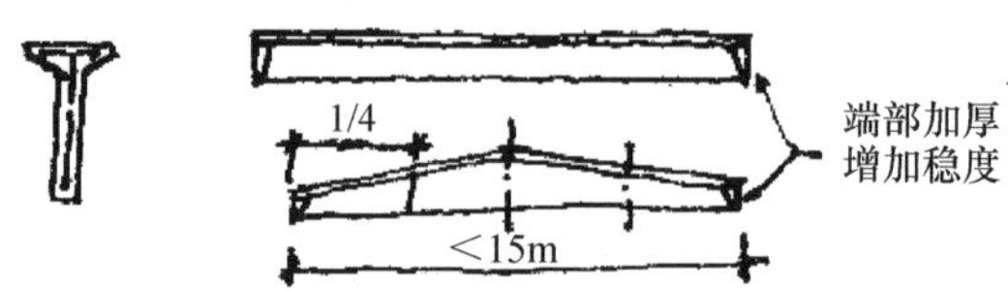

对斜形梁的高度计算，采用 1/4 处，其高度一般为 1/14～1/12 跨度。

2）薄壁工字梁

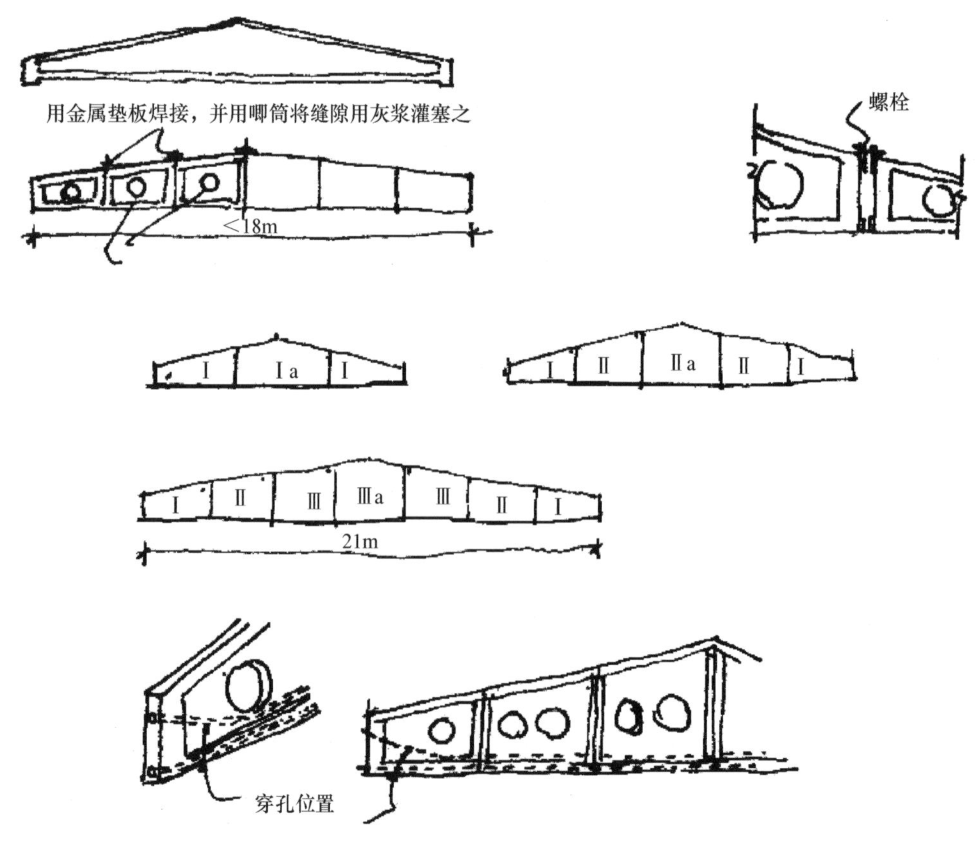

每个块材长度为 3m，由钢筋骨架组成。

每个块材有两个纵向孔，为穿钢筋用，当钢筋穿上后，仍用唧筒把孔隙灌塞之。

3）刚架砼屋架形式

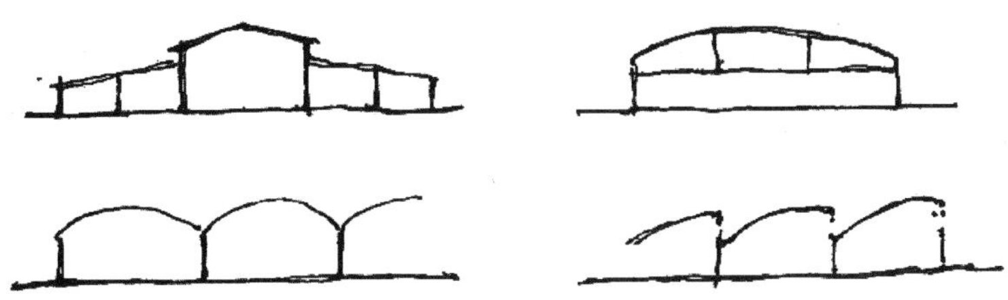

当水平力能抵消时，就不需要拉杆。

当曲线刚架中间有薄壳时（薄壁矩壳），那么采用此种架才算合理。

这种屋架刚性强，也比较经济。战后大量采用装配式构件，因此，刚架系统采用比较少了。但在多层建筑（工业方面）仍有采用，这是指现场浇灌的整体式。但采用装配式的刚架也没有什么困难，问题是怎样划分构件，一般在应力最小的地方，而且要使构件形式简单。构件的连接一般是伸出钢筋头或预埋钢板，然后用焊接连接起来，采用装配式刚架是在下列的情况下：

当刚架跨度不很大，而且相同构件相当多时，可在工厂或现场预制。当跨度大而且很重时采用浇灌整体式还是合理的。

在 12～30m 跨度采用拱形架是合理的。

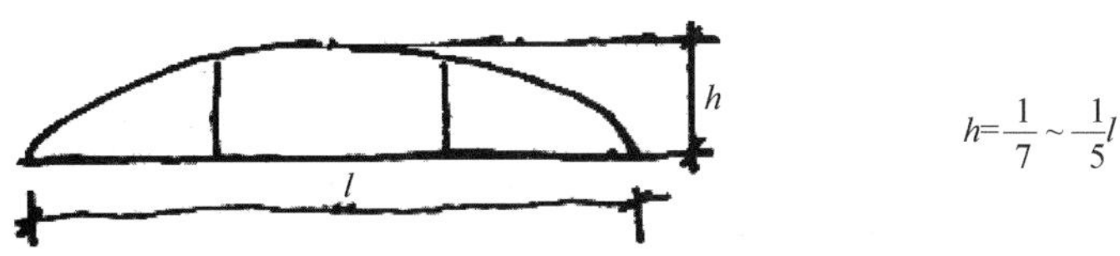

大跨度的拱经常在现场浇灌，对中等跨度的拱可在现场采用预制吊装，以起重设备的能力为依据，当跨度为 18m 的拱其重量为 10t。

（6）全部钢筋混凝土的桁架

在十月革命后始采用此种桁架，但在工业建筑中并没得到广泛推广，因桁架构件细而且复杂，作模板是不容易的，不如拱形来得简单。但在预制厂来制造该种屋架就不感觉复杂，必须有起重能力大的起重机，因此，长久没被采用。战后建筑机械化的程度发展很迅速，对此种屋架的采用也有新的转变。所以目前也比较广泛采用。此种屋架也属于下拷式，最适合的跨度 18～24m。

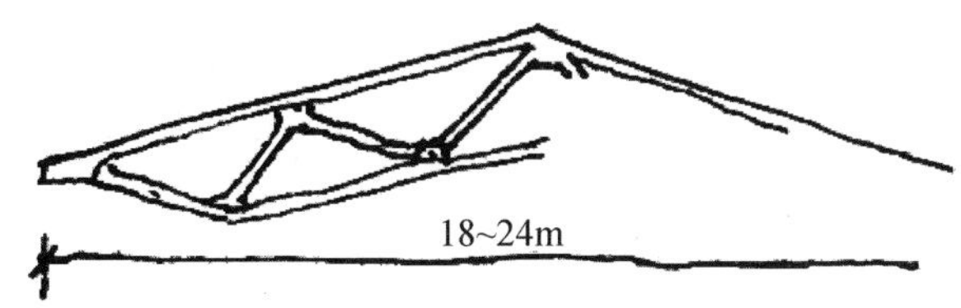

（7）钢和砼装配式桁架——这是很有效的屋架

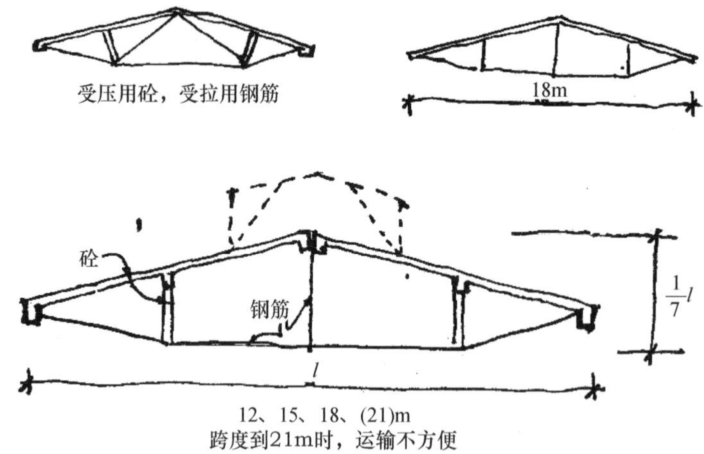

（8）轧制工字钢梁和钢桁架

1）钢梁

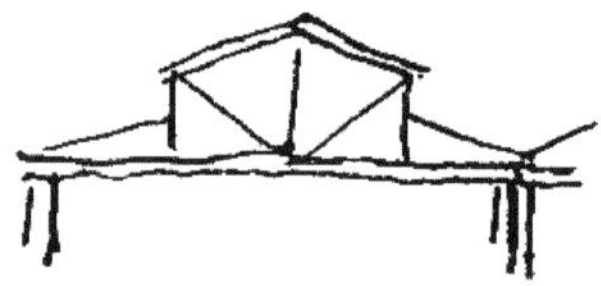

跨度 12～15m，制造安装简单，目前由于节约钢材，使用范围就缩小了，当吊车起重量很大时，或高度很大时，才允许钢柱，当跨度很大时才允许采用钢桁架。

2）钢桁架

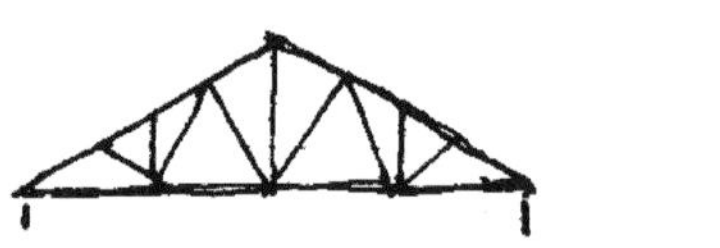

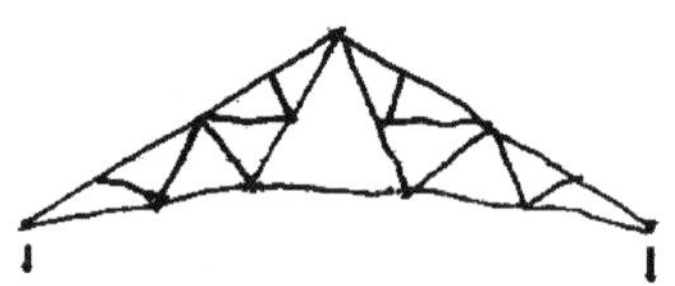

此种形式可增加房间高度，可分作三部分，适于运输。

在工业建筑多半采用卷材屋面，因此，坡度要求小一些，因而可采用多角形的屋架。

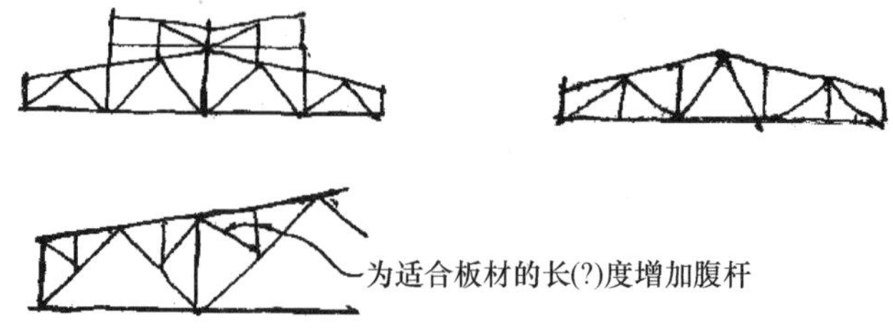

3）钢条结构的桁架

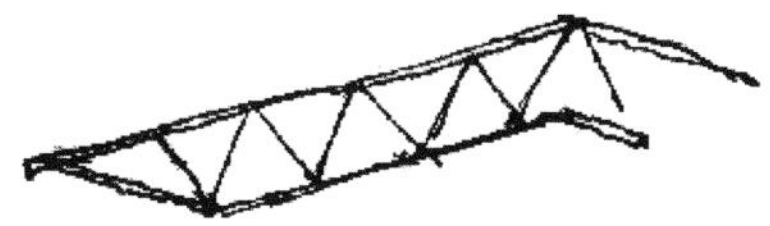

为了增加刚度上弦杆应用角钢，下弦杆可用钢条，用角钢也可，钢材可节省 45%。

4）钢的刚架

在工业建筑跨度由 12～30m 都可采用钢的刚架。

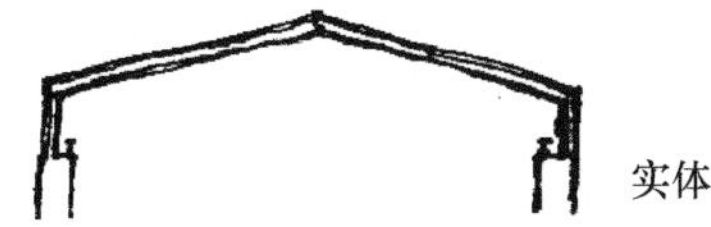

实体式钢的框架

这种刚架是由三块钢板焊成工字形的断面制成的。

6. 屋顶围护结构

（1）不保温的屋顶——有两种情况：

a）允许室内的温度和室外相同，如仓库等。

b）有大量散热的车间，如锻、铸、炼钢、热处理车间等。

这种屋顶主要由两层组成：屋面和基层，屋面起防水作用，基层是承重层。

（2）保温屋顶

在北方地区，通过屋顶消失的热量很大，因此，更是在锻工、热处理的车间也要作保温屋顶。特别是当设备停止工作时，这种保温的屋顶除防水外，还要求起保温作用。

保温屋顶的结构如图示，但也得在防水层下面做一层空气层，这除特殊情况下，一般是不做的。

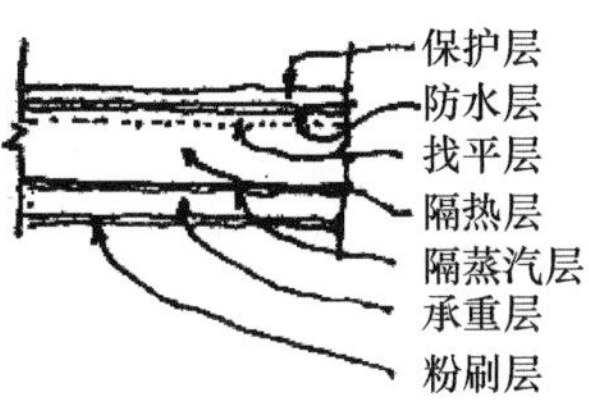

根据两种情况可将屋顶层数减少：①不需要；②将层次合并。例如：粉刷层、隔蒸汽层、找平层、保护层等均可依照具体情况予以取消。其余的基层、保温层、防水层是不可缺少的三种主要的层次。另外关于合并层次的问题，例如基层是用包括起保温作用的轻松材料做成的（如三合一的箱形板），则将保温层与基层合并为一层。

1) 隔蒸汽层

保温的屋顶受蒸汽潮湿是较严重的，因防水层是不能渗透蒸汽的，结果积存在保温层中，有时还凝结成水分，遇冷可冻结成冰。因此要产生下列情况：

① 保温材料失掉抗冻性，增加了导热性。

② 可能在屋面（防水层）下面冻结成冰，使卷材与下面脱离开。

有了隔蒸汽层可使潮气不进入隔热层，或者是很少，而且是气体，不是液体。

假设室内空气湿度是在正常情况下，那么不设置隔蒸汽层反而有利，因为积存在保温层的湿气在夏季需要向室内排出，否则反而不易排出。

因此，在冬季积累的水分多，夏季排出的少，就需要设置防蒸汽层，也就是说须有全年受潮平衡的计算，遗憾的是还不能有准确的计算，因为这个计算是取决于下列的因素：

① 室内外空气的温度；

② 采暖时期的长短；

③ 室内外空气的湿度；

④ 材料的最初湿度；

⑤ 屋顶材料隔蒸汽的性质；

⑥ 雪层的厚度；

⑦ 其他的因素。

因此，必须根据该地区使用上的经验来确定。

马琴斯基教授的准则法：

$$K_{y(冬季)}=\frac{\beta_y\varphi_l T_y}{R_n}\cdot\delta$$

$$K_{l(夏季)}=\frac{\beta_l T_y}{\varphi_l R_n}$$

β= 采暖季节的长短，以天表示；

φ= 室内空气相对湿度的 % 表示；

T=Δt 平均温度差，冬季采暖时期；

R_n= 在屋面以下各层空气渗透阻；

δ=1.0～1.5，施工时所带水分的程度，当材料比较干燥时取为 1.0，为使浇灌水分大时取为 1.5；

全年平衡$K_0=\frac{K_y}{K_n}$，（K_0 数字愈小愈好）；

$K_0\geqslant 0.7$……必须设置隔蒸汽层和空气层；

当 $K_0\geqslant 0.7$ 时，如其完全靠增设隔蒸汽层，其若改变屋顶材料，以降低 1/10 值，其措施有以下方法：

① 提高屋面以下各层的蒸汽渗透值。

② 增加或提高隔蒸汽层。

③ 在屋面下设空气层（价值贵，容易防火灾蔓延）。

马琴斯基公式还未经过验证，不能认为很正确。

2）隔蒸气汽的构造

① 当室内湿度很高时，采用沥青油纸（羊皮纸）。

② 当室内湿度不很高时，用沥青玛蹄脂涂上。

③ 在木材建筑上采用焦油之毡纸或焦油玛蹄脂（但木基层须干燥）。

3）保温屋及找平层

保温层可用有机或无机的材料，可用松散状材料或褥状、板状材料。

松散状保温材料可用泥煤、木屑、炉灰、矿渣、浮石、矿棉（矿渣棉最便宜）。

采用有机物的泥煤、木屑须当建筑物使用期不太长的临时建筑物。

泥煤、木屑、矿棉有下列缺点：

容易压实，使构造复杂化，须设置刚性的找平层（因此，主要只限在木屋顶才采用），而且要有空气层。

所有的松散保温材料都有它的流动性，因此，屋面坡度要≤ 15° 。

褥状保温材料：是用两层厚纸中间夹松散材料，用线穿起来，其缺点同样不能受压。

板状保温材料：施工方便，可不做找平层，因此，水分渗透也可通气，可减少劳动量。其中有：

有机材料：刨花板、泥煤板、木纤维板等。

无机材料：矿渣砼、人造浮石、泡沫砼、泡沫硅酸盐、矿棉板。

刨花板——质量不高的容易出现刨花脱落、强度不高。

木纤维板——采用比较广泛但须经过防火措施。

所有无机的保温板材都是干铺，而且找平层也简单（用 1∶4 水泥砂浆 5～10mm 厚），甚或不需做找平层。

用有机物的板材一般不用找平层，直接用玛蹄脂把板材铺上。

屋面保温层的计算公式：

$$R_o^{m\beta}=\frac{t_y-t_h}{\Delta t}\cdot R_h\cdot m\cdot n$$

Δt——要取小些，如在墙上允许差 7℃，而屋顶允许 4.5℃。

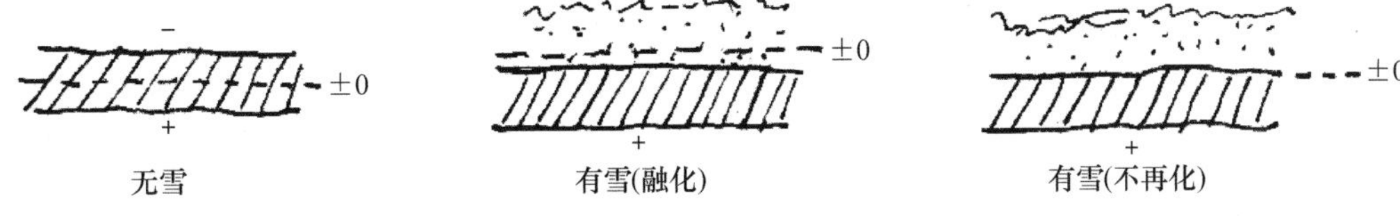

五、窗 与 天 窗

1. 窗

（1）中摇窗的优点

① 不占用室内更多的空间。

② 铰链近乎在中间，容易使自重和风力作用平衡，而且易于开启，开启的机械设备也可轻小一些。

但对木窗和砼窗来说其结构是复杂的，因此，上摇窗适于木和砼窗，中摇窗适于钢窗。

（2）在工业建筑中单层或双层窗的问题

对采暖和散热多的车间来说是很复杂的问题，要考虑很多的因素，例如：经济、热工、卫生以及使用管理各方面的问题。

其中经济方面就包括下列许多问题：

① 最初造价；

② 折旧的日期；

③ 管理费用；

④ 采暖期的长短；

⑤ 燃料的消耗。

双层窗的优点：

热损失少，消耗采暖少，防止凝水，工人可在窗边工作不至受凉，这是指在下面的双层窗。

从使用观点看，双层窗具有很大的缺点：

① 清扫困难，消耗劳动力大，因连擦两次，而且不容易擦。

② 本来可做死扇的地方，但为擦玻璃也需要做活扇，因此增加了造价；

③ 很难使窗扇开关严密，因机械都作用在内扇上。

当内扇关紧，外扇关不紧时，产生下列情况：

外部冷空气渗入，产生凝结的，当外层关紧，内层关不紧时，室内污浊和热气进入窗间，使外层窗凝结的，单层窗即可克服上列缺点。

为了克服双层窗的缺点，可采用同一窗扇装两层玻璃，但这种办法目前仍存在缺点，而且需要木材制作，如用钢材容易冷却（因两层玻璃间的空隙太小）。另外烟灰容易进入两层玻璃的中间，为清扫玻璃又必须去掉油灰把玻璃拿下来，这既费事又容易损坏玻璃。因此，可不用油灰而采用压条。这种处理方法也是比较贵的。

压条

橡皮

所以在工业建筑中以采用单层窗为合适，在苏联确定采用双层或单层的原则：

房间的性质	室内外计算温度差	玻璃
空气湿度不大于正常湿度的采暖房间	小于 35℃	当在窗户旁没有工作区时用单层，当在窗旁有工作区时和温度差为 30℃
	35~50℃	在地板面 3m 以上做单层，3m 以下做双层
	大于 50℃	整个窗要做双层窗
空气湿度较大的采暖房间	小于 30℃	单层
	大于 30℃	双层
不采暖房间和有多余的散发热的房间，其散发热超过损失热量 25% 以上	任何值	单层

（3）窗的构造

窗扇可有窗格，也可无窗格，有窗格的用木料、钢材、砼均可制造，无窗格的要装玻璃砖。

窗洞的填充由三部分组成：

窗樘（窗框）、窗扇、窗台板。

窗扇由窗边、窗棂子组成。

木窗已进行标准化，其玻璃块为 400mm × 600mm。

在工业建筑采用小块玻璃，因其破损率很大，由于工作、震动、油灰脱落，窗未关好，温度的骤变等等，都可造成玻璃破坏。

2. 天窗

天窗是工业建筑很重要的构件，屋顶断面的选择和车间内部使用情况都取决于天窗形状的选择。

① 采光天窗。

② 通风天窗（用挡板或百叶窗代替天窗的玻璃，有的只留有遮盖的敞口）。

③ 采光、通风天窗。

天窗根据玻璃的数量、屋顶形式、倾斜情况分成平直的、倾斜的、折线的以及天顶式单面的、两面的、M 型的。

所谓钢架天窗除框架是钢制的，而上部屋面覆盖物也应是不燃烧的材料。

混凝土天窗除框架及上部基层是钢筋砼外，至于窗扇可是钢的或木制的，一般是用钢制的。

天窗的屋盖如果采用平的或斜形的，则上部的积雪（在北方）很易被风吹掉。因此，屋盖的保温层应加厚。

平屋盖的天窗现在不做出檐，原因是易结冰柱，影响采光。但也存在另外的缺点，即有大量的雨水经过玻璃后，影响油灰的耐久性，因此，就产生了内部排水的方式。

天窗采用外排水的时候，在任何情况下，不采用有组织的外排水，因天沟落水管距离不能很大，否则不能保护一定的反水坡度。此外水落管太多又影响天窗的开启，特别是当采用带状天窗时。

外排水天窗屋盖的宽度不能超过 10m，如再宽时应做成内排水。

M 形天窗一般做成内排水，如做外排水时，须将天窗断开。这样在造价方面是贵的，在断开的一段不能超过 30m，否则内部天沟反水就做不出去了。

在天窗端部山墙不需要做成玻璃的，这是一方面造价贵，另一方面对采光来说怎么也不大。但能做一个小门，使能出进修理天窗倒是有必要。

单面天窗照度不均，当窗的方向迎风的时候影响通风，双面天窗就可避免这些缺点，但当不需直接光时，单面天窗就适合这种目的。

带状天窗之扇可达到 100～200m，根据机械开关的能力。

天窗之扇一般都连成带状形，使在开启时能保护同一水平，而避免参差不齐、有隙缝之处，以免雨雪侵入。

（1）玻璃层数和倾斜度的选择

1）层数问题

天窗离工作面上部很高时，可设单层玻璃（纵令在北方也可以的）。

双层窗在外面的一层窗容易凝结水，单层窗反而不结水。

根据以上情况天窗经常做成单层的。

特殊情况：

① 室内外温度差超过 50℃，而且天窗比较低。

② 湿度比较大的采暖车间内（但当垂直的玻璃面可加一采暖的管子，和下部加一天沟，这样单层也可以）。

③ 根据生产过程，不允许车间内温度有变化，例如在车间内进行校验精密仪器时，温度相差半度就能影响仪器的精密性，因此需要很好窗面结构，甚至做成三层玻璃。

根据以上三项进行准确的计算来确定采用双层玻璃的必要性。

2）天窗的倾斜问题

倾斜天窗较垂直玻璃采光是大的。

在载荷倾斜玻璃的采用很广泛：①采光巨大；②经济，但经过使用发现很多缺点：

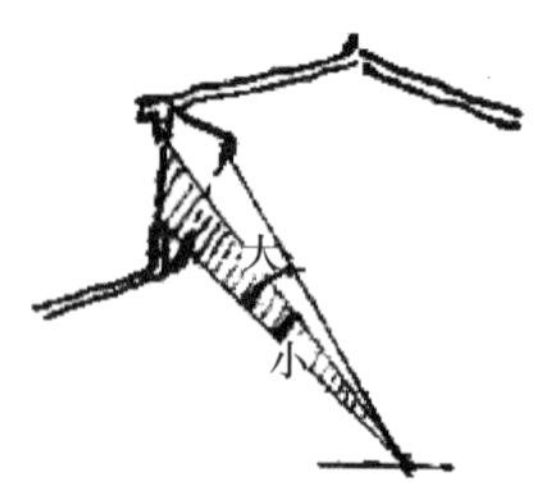

① 易积很多灰尘。

② 容易存雪（在窗棂上由于积雪融化结成冰）。

③ 斜面玻璃很容易受潮湿，使油灰破坏，窗扇破坏。

④ 在玻璃固定地方，稍不严密就会漏水。

⑤ 假设玻璃面出现凝结水，垂直玻璃容易流入天沟，但斜玻璃就容易滴水。

⑥ 太阳直射光线透过斜玻璃较垂直比较多，使夏季火热。

⑦ 开启斜玻璃比垂直玻璃用机械能力较大些。

根据以上情况除工作要求采光很大的车间，才允许采用斜玻璃外，在工业建筑中都采用垂直玻璃的天窗。

折线的天窗：

上部是利用垂直玻璃的容易开启的优点，下部倾斜是为扩大车间的照度，做成死扇。

在现在工业建筑中很少采用此种形式的天窗。这首先使构造复杂化，提高造价，实质上并没有什么优点，实质下部的倾斜部分就等于梯形天窗，梯形天窗的缺点，它都包括在内，如作为采光用可做成直线天窗，如下图，如果上部为通风用，则必须提高。

所以，除增加造价外，别无优点。

倾斜角度的选择：

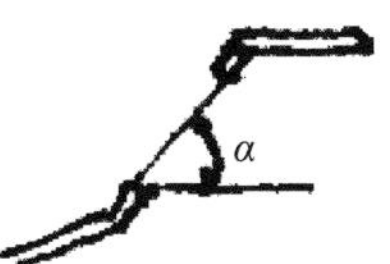

根据经济观点 α 角度愈小愈经济，但又必须取决于其他因素：

① 玻璃的性质，单层，双层，开扇，死扇。

② 地区的气候，雪的大小。

③ 车间温湿度的状况。

④ 对锯齿形天窗来说，还应考虑当地的纬度。

a）单层窗斜度：

开扇窗：窗扇是围绕上部水平轴来旋转的，开扇角度在 30° 范围内，根据目前简单的机械能力。

当窗扇为通风用次开扇时，其倾斜度不能小于 60° 。

当死扇窗其倾斜角度以 30°～45° 为宜。再小的话，容易漏水和积灰尘。在北方有雪的地方，不应小于 45° 。

在潮湿车间玻璃倾斜角度不应小于 60° ，但当有采暖设备的车间可稍降低至 45° 以上。

一般潮湿车间其湿度为 60%～75%，非常潮湿车间其湿度为＞ 75%，在非常潮湿的车间设置开扇窗，其玻璃只能作垂直的。

b ）双层窗的斜度：

双层窗的凝结水比单层窗来得大，因此在任何情况下，其死扇倾斜度不应小于 60° ，这是因为双层窗在正常湿度下也能出凝结水。

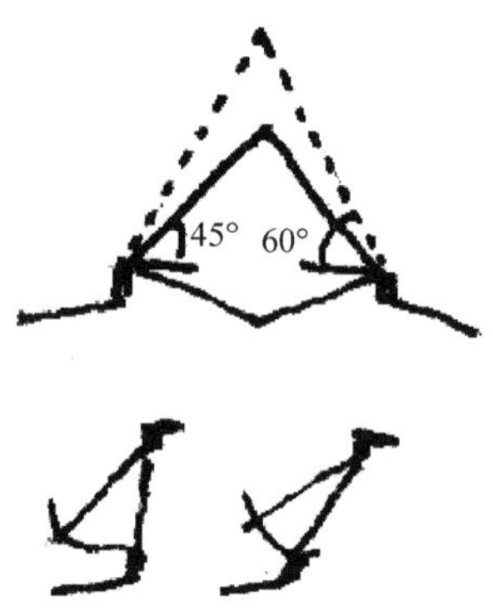

但在三角天窗一般做 45° 即可，如做到 60° 对采光没有什么变化，但对造价来说较比 45° 增加 44%。

当活扇窗时，其倾斜度只能作垂直的，这也因为窗扇自重的关系，如做成倾斜的，在开启时其自重较增加一倍，使开启不方便。

总的说来，为标准化窗的倾斜角度一般采用三种角度：45° 、60° 、90° 。

（2）各种天窗类型及应用范围

1 ）三角形天窗

只能作采光天窗，这是根据经济的因素，如做可开启的活扇，至少需作 60° ，这样对材料的消耗较大，这种天窗的宽度是根据采光的要求计算的，天窗的构造不很复杂，在许多情况下没有骨架，比其他类型的天窗造价较低些。其缺点：照度不很均匀，有大量强烈光线射在空间；另外不能作为通风换气用。因此，只能用于辅助建筑物——仓库或小的车间要求强烈照度时，不建议在南方地区采用三角形天窗。当采用三角形天窗时，其通风换气或经过侧窗，或经过机械设备来解决。

2）单面天窗

单面天窗一般不作为通风换气用。如利用换气时，应作下列措施：

① 与其他类型天窗交错使用。

② 单面窗前须有高墙，或当风向不利时能把窗关上，使其不影响通风。

在实际应用中，单面的锯齿形天窗多半作为采光用，其缺点：照度不均，两窗间距离不能大，正由于此天沟不能作大，在积雪地区是不利的，这种天窗需作内排水。

其优点：天窗屋盖斜度可作大些，因而有反光作用，可增加照度 20%。

这种窗应用的范围：纺织、食品、化学等各种车间，以及在南方地区的各项车间，但也有难以解决通风的问题。

3）双面天窗

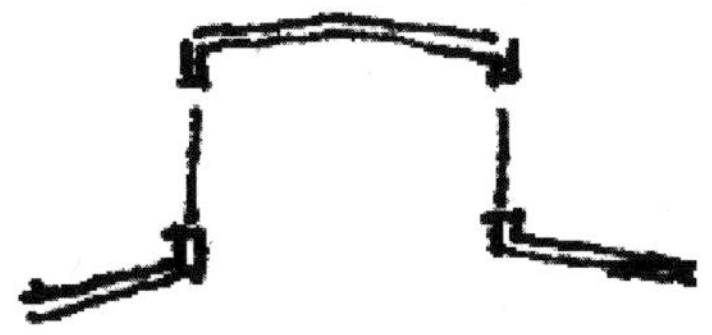

这种窗适于通风换气，照度均匀（当天窗宽度等于采光跨度 l，a=0.5～0.6l 时，则平均照度 k、l、o 最大而且最均匀）。

4）M 形天窗

实质上就像双面天窗，其不同点就在于天窗屋盖转折很大，其角度一般为 25°～30° 。M 形天窗不应与带有内排水反水坡度的双面天窗相混淆，即⌐⌐。M 形天窗用作进气时，与双面天窗没有什么不同，但用排气时，则 M 形天窗较好。M 形天窗用作排气时，其宽度以不小于 12～15m，最好为 15m，这就使天窗屋盖有一宽敞的空间，帮助气流排出。（见下图）

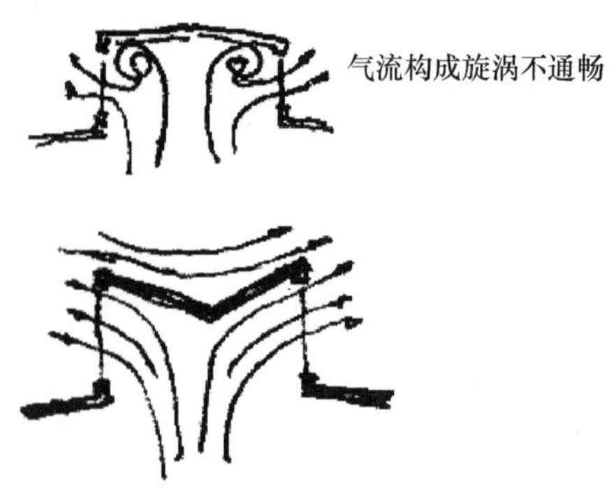

M 形天窗的缺点：

易积雪，屋盖坡度大，对卷材面不甚合适；必须设内排水；屋盖面积增大，损失热量较多，造价增加。据此，若仅为采光要求就很少采用此形状，但为了热车间要求强烈通风，而采用 M 形状天窗则是相当广泛。在最近几十年来，M 形天窗只用于热车间的通风，因此，不需装玻璃，只用百叶窗或铜板，但最近已用通风天窗代替了 M 形天窗。

（3）屋顶天窗的布置

纵向天窗；

横向天窗——这种窗：

① 不能和生产线相配合。

② 天窗玻璃与侧窗垂直，则不利于通风。

③ 当天窗是倾斜时较做成开扇，易于变形。

在现在的工业建筑中很少采用横向天窗，即或有也仅用于非生产性的建筑如仓库等。

两排天窗能保持均匀光线的适宜距离是依天窗下槛到工作面的高度来决定。

（4）在屋顶上布置通风窗的要求

保证气流的稳定性，不应随风的方向或温度的变化而改变，只有当选择天窗类型时，把所有因素都考虑到而且正确地加以利用，那么天窗才能很好地按照预定计划来工作，当窗的两面压力不同时，就会自然地产生空气交换。

压力由两种力量产生：①重力作用（由温度差）；②风力作用。

组织自然通风是依据室内空气温度比外界高，这是由于：采暖、生产设备、熔解的金属、工作车床、人的散热、工业炉等等热源。

采暖的车间要求强烈的自然通风，必然大量消耗热量，不经济。因此，一般采暖车间空气并不太脏，所以不要求强烈的通风。但化学车间例外，而且也是用机械通风。

空气动力系数：

$K=K_1+K_2$

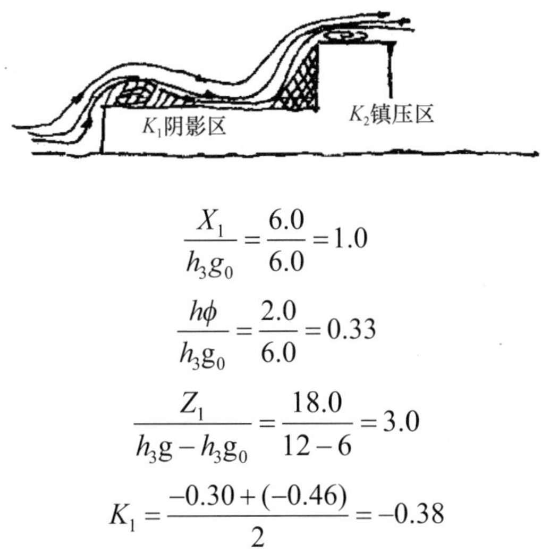

$$\frac{X_1}{h_3 g_0}=\frac{6.0}{6.0}=1.0$$

$$\frac{h\phi}{h_3 g_0}=\frac{2.0}{6.0}=0.33$$

$$\frac{Z_1}{h_3 g - h_3 g_0}=\frac{18.0}{12-6}=3.0$$

$$K_1=\frac{-0.30+(-0.46)}{2}=-0.38$$

$K_2=+0.17$

$K_{受风面}=-0.38+0.17=-0.21$

通风天窗：

通风天窗只能作为排气用。

优点：当风向改变时，不必调整天窗的开关（调节），使用管理简化。但根据室内外温度的改变，也需局部调整。当采用无通风的天窗，遇风向改变须在几分钟内调整天窗的总开关时，则必须采用电动的机械开关。如采用通风天窗只多在某些部分每天调整一次，因此，用人工开关即可。一般说来，在一昼夜须调整一次时，须用机械开关，如在一个月内调整一次，则可用手工开关。调节有两种情况：一种是昼夜性的调节；一种是季节性的调节。

车间需保持在0℃以上的温度，一年需调节两次，这是季节性的调节，这种调节是从容不迫的，用人工即可。当生产是间歇性的，在冬季时需进行昼夜性的调节，这种调节需要将窗全部关上或开启，但在大量散热的车间，也不一定将窗全部关上。

一般当室外温度≤ 10℃时，才要求有昼夜性的调整。

天窗效率：

① 取决喉孔的压力；

② 有无风；

③ 开扇阻力的大小。

空气局部阻力系数：

开启角度＜ 35°，阻力系数为 11.5。

开启角度＜ 55°，阻力系数为 7.1。

空气动力指标：

天窗内部压力　　$\Delta P_{\varphi}=+0.4\text{kg/m}^2$

天窗外部风速　　$V=4\text{m/s}$

天窗内部风速　　V_{φ}

外部风压力

$$q=\frac{v^2}{qg}r=1\text{kg}/\text{m}^2$$

$$\frac{\Delta P_{\varphi}}{q}=\frac{0.4}{1}=0.4$$

由空气产生余压力一般的公式

$$P_{\varphi}=\delta\frac{{v_{\phi}}^2}{2g}r,\ \ q=\frac{v^2}{2g}r$$

$$\frac{\Delta P_{\varphi}}{q}=\xi\left(\frac{v_{\phi}}{v}\right)^2$$

当室内热压头相当大时，风对通风影响不大。

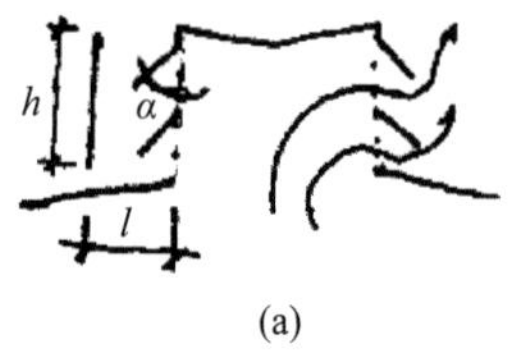

(a)

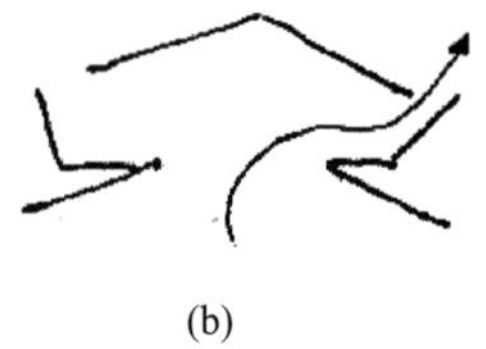
(b)

（a）这种形式的天窗“阻力大通风差”，适于两班制昼夜需要调节的；

（b）“阻力小通风好”，适于三班制仅季节性调节的。

在采用天窗时，除根据空气动力情况外，还应考虑使用上的问题和经济上的问题。

通风计算：

天窗喉孔的宽度 $l=\dfrac{A}{3600\cdot V_{\phi}\cdot y}$

A= 每小时空气交换量；

V_{ϕ} = 喉孔处风速度（m/s）；

y= 天窗的长度。

天窗：

油灰——侧窗油灰可用白烟油灰（干性油或植物油加白烟粉），但天窗由于雨、雪、日晒、机械关开作用和风的吹袭，易发生扭曲等现象，致使油灰破裂玻璃脱落，坠入车间内发生危险。所以天窗不能用普通油灰，为了提高油灰质量，可加入脂肪胶水、锌白、天然干性油等，但价格贵不经济。最好用沥青油灰，它与玻璃、木、钢等材料黏结都很牢固，能抵抗侵蚀，且具有柔性抵抗变形。

胶合材料——各种软化点的沥青；

填充料——纤维质材料——泥炭碎末、石棉废料、木屑；

这种油灰需在热状态下进行施工。

注：一般玻璃透光系数 0.85～0.90；
劣质纤维玻璃 0.40～0.50（因玻璃有颜色）。

六、地　　面

1. 作用在地面上的荷载

1）机械作用——轻荷重（人，材料，在地面上的设备）；动荷重（运输）；磨损（钢轮车运行，拖引物体）。

2）潮湿作用——生产过程要求用水的车间：①由于水撒在地面上或溅在地面上；②由于蒸汽在地面上凝结水；③由于吸收作用；④由于地下水使地面潮湿。

3）温度作用——高温作用——炉子或其他热设备所产生的辐射热，热物体直接与地面接触，例如锻工车间的锻件、铸工车间浇注工段的熔化金属。

4）化学作用——酸和碱的作用，这在机械制造厂或冶金工厂也能产生，多半由于液体迸溅地面上，或灰尘坠在地面上，以上这些作用是很强烈的，容易破坏地面。

温度高的时候，一般的混凝土地面不能抵抗，这还不包括钢水的强烈高温。

弱（稀）酸有时比纯酸还容易破坏地面，例如矿糖水就很容易损坏混凝土地面。

2. 地面的选择条件

（1）能抵抗上列的各项作用

（2）卫生和使用管理的要求

a. 车床旁站人的地方，应具有弹性和暖和的地板。

b. 不使被磨损或起灰尘。

c. 不发噪音。

d. 不易积留灰尘。

e. 人流经过的地方，地面应粗糙些不使滑倒。

以上属于卫生方面的要求。使用管理要求：

a. 使地面易于修理，而不影响生产。

b. 易于清扫地面上脏的东西。

c. 可能有重物坠下来的地方，地面应具有弹性，不使坠物被损坏，工业单层建筑地面多直接设在土壤上，理由：

① 荷重直接加在土壤上。

② 方便运输、设施，特别是有轨道时（但室内地面比室外要高起 15cm，不使雨水流入室内）。

③ 可直接在地面上安装车床或机器——这是指轻型或中型的（特别重的应另做基础），设备直接安在地面上，不另做基础，这对生产改变或车床移动时有利，特别当设备比较分散不太集中时是合适的。

3. 地面材料及构造

有机和无机的：

木块、石油沥青、焦油、天然石料、矿渣、焙烧黏土、钢、生铁等等。一般是根据地面的面层所采用的材料来决定地面的名称。

根据地面的构造，一般分成以下的层次：

（1）基层

用一般天然土壤（不能含有机物质，例如：含有植物质泥煤、植物土壤——在土壤中有一层植物根）和其他松散状土壤，但不能含有建筑垃圾，如木屑等，碎砖、碎石，金属屑等可用。

土壤不能有很大的压实性，土壤表面应具有足够的许可压力（不能小于 1kg/cm^2）。

加大土壤耐压力的措施：

① 加于砾石、碎石、碎砖、高炉矿渣，其中碎砖不是很好，砾石、碎石压入深度应不小于 40mm。

② 敷设一层最良好的混合物，例如：黏土、砂、砾石，目的使它们彼此间能把空隙填得很密

实，即使其坚固。

③ 遇有泥煤和淤泥的土壤，须去掉约 4.0～5.0cm 的深度。当做混凝土地面时，其基底上须撒一层碎石，插入土内 20cm。

（2）垫层

主要是用无机材料（有时是可加入黑色的机体的胶合材料），其厚度一般由 10～30cm 之间，由荷重土壤的允许压力来决定。根据其刚性可分为三类：

① 松散状的：a）粗砂子（或用小贝壳、矿渣来代替）；b）砾石或碎石（不加胶合材料）也可用矿渣、碎砖代替。

② 半刚性的：多少是联系起来的，它具有塑性。

① 夯实黏土或黏土混凝土；

② 用黑色胶合材料处理的砾石、碎石、沥青或焦油混凝土。

③ 刚性的：混凝土的，可用普通的或再生的（再生的是指：磨碎的矿渣加上催凝剂或硬化剂）。

垫层的选择，取决于面层和作用在地面上各种因素的性质和大小：

① 面层对垫层的影响：a）块料的面层对垫层的影响不大，其稳度由接缝间的填充物来决定；b）无缝整体弹性面层，为泥土和夯实黏土面层，沥青混凝土、沥青面层等，设在松散状垫层上是不合适的，因它本身就容易变形，如垫层再是松散状的当加上荷重它必定变形。所以，这些垫层必须是刚性或柔刚性的；c）刚性整体式或板状面层，这些面层不允许垫层有些微的下沉，因此只能采用刚性的垫层。

② 荷重对垫层的影响：当有巨大的冲击荷重时，其垫层是松散状的，而且是最经济。例如用砂子。当荷重大但无冲击力，而土壤刚性不强时用刚性垫层，有时在刚性垫层内还另加钢筋。

③ 温度对垫层的作用：当温度很高时只能采用松散状的或黏土的垫层。用黑色胶合物的砾石垫层是要变形的（其允许极限温度约 +50℃，一般的混凝土的极限温度是 +100℃）。

④ 潮湿作用对垫层的选择。在这种情况下可用任何垫层，因可设隔绝层，有时垫层即已起防水作用。例如混凝土（也有部分地下水能浸入混凝土，但因面层具有防水性，所以可以用混凝土）。

半刚性夯实富黏土垫层防水性最好，其厚度≥150mm，此外还有沥青混凝土。

⑤ 化学对垫层的影响，以后再讲。

当面层对垫层没有特殊要求时，应首先选用松散状的和半刚性的垫层，因这是最便宜的。

（3）间层

间层可用砂、黑色玛蹄脂，这取决于作用在地面上荷重和面层的种类。

当用大型块材石料才能用砂做间层（填缝），此外当温度很高时也采用砂做间层（则如石英砂、河砂）。

当用板状面层时，必须用水泥砂浆做间层，此外，黑色玛蹄脂间层是用来代替水泥砂浆的（当具有潮湿或化学侵蚀时才用）。

在选用间层方面对卫生也有很大意义，因缝隙容易积存灰尘或脏物。因

此，从卫生方面来说用砂填缝是不能满足要求，最好用水泥砂浆或玛蹄脂。

（4）隔绝层

它是防止水分或化学侵蚀的。

为防止地下水一般有两种做法：

① 在基底上设一层富黏土。

② 在基底上用黑色胶合材料将经过处理的砾石或碎石撒一层。

当垫层能起防水作用时，则下面的隔绝层即可省掉不做。当地下水没有侵蚀性，而且面层具有很好的防水性，则下面的隔绝层也不需要。

1）上面的隔绝层

当地面上水分不太多时，其隔绝层可用水泥砂浆做 25～30mm 即可，如用沥青做 15～20mm 即可。

涂抹的隔绝层用石油沥青涂 2～4 皮，其厚度每皮约为 1.0～1.5mm，共约厚 3.0～6.0mm。

在局部荷重下可用玛蹄脂来涂抹隔绝层。

2）黏贴式隔绝层

用油毛毡、沥青油纸和沥青玛蹄脂及焦油玛蹄脂铺设 2～3 皮。

3）塑性隔绝层

这是在工厂内用黑色胶合材料制成的一种特殊板材，这种板子内加有钢筋而且加压力制成的，厚度为 10～15mm，这是一种最好的隔绝层材料，不怕沉陷裂缝。

当地板（面）上水分不多时，可省掉上面的隔绝层。

（5）地面的面层

地面的面层可用有机或无机材料，所有的作用首先作用在面层上，对下面的各层来讲或只是削弱或只是根本不起作用。如潮湿和磨损这些作用根本不影响垫层。另外对管理卫生上的要求，也多指面层而言。根据面层的铺设方法，主要可分为两类：

① 无缝式；

② 块料式——块状或板状。

对地面来说无缝的整体式是更好些，更工业化些，相反，块料式要用人工来铺设。

1）泥土地面

有三种类型：①用天然土壤，不含有机物，表面压实或夯实，实际是基础层或垫层；②当表面夯实时加一层矿渣或碎石，比①坚固些，在使用和卫生方面都有很大缺点：有灰尘，能吸收液体、油质，容易破坏，具有可塑的变形，例如放上重物后能产生凹坑。其优点：经济、耐火、容易修理；③用黑色胶合材料掺到土内 20～25mm，表面撒一层石屑然后夯实。这种做法能增强耐磨性和防止灰尘。

2）夯实黏土地面

黏土和砂混合夯实

黏土　　15%～30%

砂子　　70%～85%

为使这种混合物成为可塑性，可加些其重量的15%～25%的水，这种地面在使用上和卫生上与天然土壤地面没有什么大的差别，为了使黏土地面坚固些，可加砾石、碎石，则成为黏土混凝土，其比例约为50%～60%，为了防止灰尘可掺15%沥青废料。砾石不加在垫层，仅用在面层，厚度为50～70mm，其性能与前大致相同，不过更耐久些，而且能起防水作用。

3）砾石或碎石地面

这种地面就是松散状的砾石或碎石铺一层或两层，如为一层其颗粒大小是一样的，如为两层，其上层铺小颗粒的，下层铺大颗粒，但用同样的大小，也没有多大的差别，仅对用同样材料的面层来说是好一些。

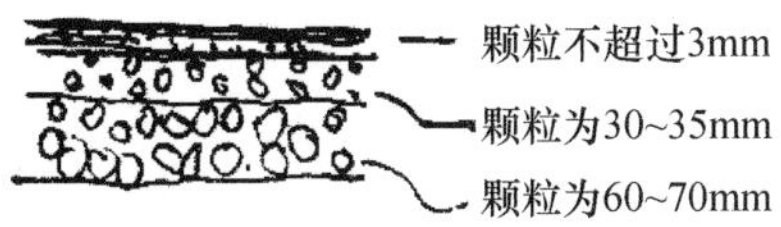

如把面层小砾石加上一些黑色胶合材料则更好些，使其强度增大，耐磨损，不起灰尘，也容易修补，经常用在无轨的车行道上和动荷重大的车间。

总的说来，以上三种地面在一般车间内很少采用，仅在热车间有少数采用，主要对卫生不利。

比较贵和质量好的地面：

1）水泥混凝土地面

面层不加石子的叫水泥地面，如有石子称为混凝土地面，水泥地面的面层用1∶2或1∶3的水泥砂浆，水泥用200～400号，厚度2～3cm。

优点：有光平的表面，坚固，容易清扫。

缺点：水泥砂浆容易被磨损和破坏。

破坏的原因，上面的面层和下面垫层填充物颗粒大小不同，因此，收缩性也不同，产生变形，再加上荷重这就更容易破坏。

水泥地面用得比较少，采用混凝土地面比较多（强度高，耐磨损，采用硬料花岗石、石英石、正长石等），毕竟这种地面是粗糙的，对卫生来说是不太好的，但也可用磨平机磨光。也可找一层铁屑（铁屑的油质必须去掉），这就是一般称之为金属屑水泥地面。

这种金属屑水泥地面不怕磨损、油脂，但温度不能超过100℃，很少起灰尘，可设在无轨车行道上。缺点：发噪音，热吸收比较大，易损坏工具（当坠地上），在使用上很难修补，而且影响生产。

2）沥青地面

主要用煤焦油作胶合材料，用天然沥青在大量建筑中是非常贵的，一般用人造沥青。

一层沥青其厚度为20～30mm，二层的厚度为15～25mm，20～25mm。

优点：造价不高，比水泥地面便宜。

修理容易，新旧容易连接。

有弹性，不产生声音。

有抗水性，本身可作为防水层（当具有一定的厚度）。

缺点：表面粗糙，积累灰尘。

在温度虽不甚高情况下，沥青就容易融化，其许可温度约在45℃左右。

在汽油或矿物油脂作用下容易软化。

当放重物后，易产生塑性变形。

对抗磨损来说是中等的。

为抵抗磨损，在车道的地方做两层沥混凝土面层，厚度30～40mm。其填充物的颗粒不超过12mm，所谓沥青混凝土即铺设后加压力，成分没有什么区别。

不论沥青或沥青混凝土地面塑性很大，因此，垫层要求做刚性的，如用黑色胶合料所处理的砾石，最好用混凝土垫层。

当地面用煤焦油做成时，对人体是有害的，主要由于磨损所起的灰尘而引起的。因此这种地面只能采用在没有车道磨损的地方。煤焦油比沥青抵抗化学侵蚀性能好。

3）菱苦土地面

原料用：苛性碳酸镁，木屑，氯化镁浆。

经常设置两层，在上层应加滑石粉或细砂子，使增加其密度，垫层应用不小于70# 的混凝土。当垫层标号小于70# 时，应在垫层上做一层水泥砂浆（1∶3）厚度为40mm。

氯化镁的性质能与矿渣、石灰质碎石起化学作用，所以当垫层有以上填充物时，一定要做一层水泥砂浆保护之。

强度小，易被磨损，不能抗化学侵蚀、怕水。

优点：有足够的弹性，导热系数比较小，在工作区内采用它来代替木材。

4）板状地面

优点：可以在工厂生产，强度能做得更高一些，易修理。

缺点：铺设耗费苦力大。

a. 水泥板

规格一般是300mm×300mm，600mm×600mm，厚度20～60mm。

需要刚性垫层，胶合砂浆用1∶4～1∶3比较好的水泥砂浆。

优点：在工厂制造可用振动汽缸来养护，能大大增高它的强度，并可用硬石子撒在板的表面上，经震动后陷入砂浆内，容易修补。

b. 沥青板

同样在工厂内生产，可用压力压实，因此，强度比灌浇式要高。厚度15～30mm，垫层要用刚性或足够的半刚性，用水泥砂浆作间层，或用黑色胶合料，沥青做间层。

c. 菱苦土板

同样在工厂内加大压力制造出来的，强度能有所增高。

d. 陶土板（缸砖）和墙砖

质地密实，受压强度大，性脆不能受冲击力，抗水性大，可做防水用，规格 20cm × 20cm，厚度平均 13mm，颜色好看（白色、褐色）。

垫层是刚性的，间层用砂浆或黑色玛蹄脂。

缺点：导热系数大，硬滑（但也可做花纹的防滑），成本高，工业建筑的试验室或对卫生要求高的车间，如食品工业。

e. 金属地板

用生铁或钢制成，造价高，刚性大，导热系数大，噪声大，耐温的程度不次于水泥，甚或高些。但由于垫层的关系不能耐高温。

耐磨性大，有很大荷重或拖引东西的地方采用。

如图形状的金属板可设在弹性垫层，如砂子上，这样能承受重的荷重和高温，根据荷重的大小、土壤的情况来决定垫层用刚性的或松散状的砂子。

应用的范围比较广泛，除用作承受冲击荷重外，一般在磨损、高温、大荷重等都可采用。一般在热车间采用。这种板子坏了不易取出，因此，常设置修补缝。

f. 钢板

用薄钢（厚 1mm）压成，用砂浆做间层。

承静荷重很强，经实验结果比纯水泥地层强度大得多，抵抗磨损强度很高，表面也是粗糙的不易滑倒，消耗金属比较少。

缺点：刚性大，导热系数大。

g. 块材料地面

圆块石，不需刚性垫层，因本身厚度很大，没有砂浆也能保保持稳定，直接铺在砂子上。

优点：强度高，耐热性高，修补易，比其他石料地面便宜（因加工粗糙）。

缺点：非常刚性，表面不平，易积灰尘，冷，主要用在车道上（包括用在外面道路上）。

h. 方石块地面

加工多些，垫层可用任何材料，如用砾石必须打紧，避免砂子漏下去，石块直接铺在砂子上，可当作垫层、间层，当然也可用水泥砂浆或黑色胶合料做间层，这种地面比较贵。

i. 缸砖地面

用耐熔黏土焙烧出来的，强度很高，大于 1000kg/cm^2，耐磨，耐化学侵蚀，成本贵些。

j. 木地板

木纹垂直设置，强度增高，所以在工业建筑中一般用木砖地板，木块高度 60～100mm，木块下面可用多种的垫层（松散、半刚性、刚性的），间层用砂子，也可用黑色胶合料（沥青、玛蹄脂），这主要是防止由地下浸上来的水，用砂子间层对卫生来说是不好的，没有玛蹄脂能提高地板的耐久性。

缺点：不耐热、造价贵。

优点：强度高，能担负很大的冲击荷重，不发声音和灰尘，有弹性，导热系数小，在发生火灾时这种地板并无危险，主要下面没有氧气不易燃烧，适于机械装配车间。

k. 砂坑或砂箱地面

设置在有很重的物体落下的地方，例如用电磁起重机吊运废钢，不能直接放在地面，必须在一定的高度才能放下，则就有冲击力，不能用其他任何地面，必须用砂坑或砂箱来解决。

4. 楼板层的做法

抗化学侵蚀楼板：

根据化学的侵蚀来选择地板的材料和做法，化学侵蚀的气体（蒸气）、固体（灰）、液体的形式来破坏地板，它们是在各种不同的温度、湿度或浓度来起作用的，其中主要是酸和碱，其侵蚀的过程：

气体侵蚀类有：亚硫酸气体、酸性蒸气体。

它们在一定的温度、湿度和地板起侵蚀作用，固体的灰尘往往是落在地板缝隙内，经过温度变为液体而和地板材料起作用。液体状态的直接地侵入地板材料内，而且是严重的。由上面各情况看来，可谓化学侵蚀都是当作为液体时才起作用。此外，温度也有相当的作用。浓度不能因其浓度之大小而决定其破坏的程度，相反的比较稀薄的液体更容易侵入材料内部，当然浓度大的破坏力更大些，但也有时相反。

耐酸混凝土是用水玻璃和可溶于水的盐制成的。有时在耐酸混凝土上面铺一层浓厚的酸，使与砼起作用，而水玻璃的性质完全消失，而变为无完形的胶滞体和硅酸 H_2SiO_3，这抵抗侵蚀力是大的。

化学破坏地板，由化学性和物理性（电子结晶）两方面起作用。

对抵抗化学侵蚀的要求：

①足够的抵抗性；②组成地板的材料应非常密实的；③使地板没有缝隙（应填满）；④不仅面层有抵抗侵蚀能力，整个地板各层也得有抵抗侵蚀的能力；⑤设置地板的土壤也应有抗化学性能。

当具有化学侵蚀时，地板应选用的材料：

（1）天然无机材料

① 石英（砂的形式）、晶体氧化硅、酸性材料，耐酸性能很高，但耐碱性很低，例如：碳酸碱（Na_2CO_3）、苛性碱（KOH）很快能使石英破坏。砂形的石英往往含有杂质（黏土、淤泥），所以采用时应洗干净。

② 石英岩，由石英砂及中间物质（无定形的氧化硅）组成，很密实，含二氧化硅（SiO_2）很

多，液体不易渗入，甚至在碱性车间也可采用（碱性不甚深厚的）。

③ 砂岩，差不多即是石英岩，晶体的石英颗粒和另外一些物质组成。其中石英颗粒很明显，孔隙较多，抵抗酸比石英岩差些，不能抵抗碱性。

④ 无定形（非晶体）氧化硅（硅藻石、硅藻土、水藻类壳体），其中杂质 30%～40%，它是以粉末状态作为填充料来采用的。

铅硅酸盐，抵抗酸性侵蚀也很强。

⑤ 长石，$K_2O \cdot Al_2O_3 \cdot 6SiO_2$，或 $Na_2O \cdot Al_2O_3 \cdot 6SiO_2$。

抵抗酸性很强，很贵，在建筑经常用长石粉末，作为涂料或填充料。

⑥ 花岗岩，含有石英、长石、云母，这些都是酸性物质，质地密实。

⑦ 正长石，与花岗石相同，但不含石英（即长石 + 云母），耐酸比花岗岩差一些。

⑧ 喷出岩，玄武岩（辉绿岩）和花岗岩近似，成分是石英 + 长石。这种岩含氧化硅最多，抵抗酸性最强，质地密实。因此也能在碱性车间采用。

⑨ 火山凝灰岩，比重比 1 大些，多孔，强度低，不能用在碱性车间，但抗酸性很强，其中含氧化硅占 60% 以上，为荷重不大时可以作为板材来用，一般是加黑色胶合材料来应用。

⑩ 石棉，含镁硅酸盐，钾硅酸盐，$CaO \cdot 3MgO \cdot 4SiO_2$。

（2）地面耐碱性材料的选择（苛性碱、酸性碱）

氧化碱土金属材料称镁（Mg）和钙（Ca）的化合物，但以钙的氧化物为最多，因此，氧化钙、碳酸钙就成为耐碱性地面的主要材料。

① 石灰岩，含大量碳酸钙 $CaCO_3$，因系水成岩，坚实程度不同，含有各种杂质，作为耐碱性的材料，必须选用质地密实，含杂质少的，可作为板料或填充料来用。

② 白云岩，含双重镁和钙的碳酸盐 $CaCO_3 \cdot MgCO_3$，比石灰岩更密实些，耐碱性也就高些，可作为板状来使用，但大多只作为填充料。

③ 大理石，坚硬较密实的岩石，是细精体的 $CaCO_3$ 所组成，抗碱性能高，价值贵，仅在特殊要求高的地方才采用，不允许采用在工业建筑的地板，但有时可采用大理石的废石（石屑）来做填充料。

④ 碱性高炉炉渣，高炉生产的副产品，炉渣有碱性的和酸性的，一般说它的成分很复杂，但主要的是 $CaO+MgO$、$SiO_2+Al_2O_3$，当 $CaO+MgO$、$SiO_2+Al_2O_3$ 合起来大于 1 时，那么它的性能就是抗碱性的。

⑤ 水硬石灰，石灰岩加以适当的焙烧（不到烧结的程度）而得出，其中含 $CaCO_3$ 90%～98%，其余是黏土，经过水硬以后是相当耐碱的材料，但强度不高，而且是多孔的。

⑥ 硅酸盐水泥，即普通水泥，其分子式：

$3CaO \cdot SiO_2$　37%～60%

$2CaO \cdot SiO_2$　15%～37%

$3CaO \cdot Al_2O_3$　7%～15%

其中氧化钙 CaO 是很好的耐碱性的材料，其中虽有硅酸盐、铝酸盐，但其耐酸性是薄弱的，因有游离石灰和化合石灰，特别不能抵抗硫酸盐，同时也不耐有机物质（例如糖），利用硅酸盐水泥做地板，是带有多孔的，所以必须在表面上铺一层水泥砂浆（1∶2）。

⑦ 矿渣硅酸盐水泥，硅酸盐水泥烧块碎末和高炉的碱性炉渣碎末混合而成。

水泥烧块　30%～40%

碱性炉渣　70%～60%

另外还有石膏，抗化学侵蚀的性能与硅酸盐水泥相同。

⑧ 火山灰水泥，是水泥烧块粉末和酸性氧化硅（20%～50%）粉末混合而成，火山灰水泥非常密实，因而也就提高它的耐碱性。所以效果和⑥⑦两项材料是一样的。

⑨ 石棉，有两种类型：a. 角闪石石棉既耐酸又耐碱，但产量差不多，$Ca_2Mg_5(OH)_2[Si_4O_{11}]_2$；b. 纤维蛇纹石石棉是含水的硅酸钙或含水的硅酸镁 $3MgO \cdot 2SiO_2 \cdot 2H_2O$，这种石棉耐碱性是很大的。

耐化学侵蚀的有机材料，既是耐碱的又是耐酸的，所以就不分开。其中最主要的是石油沥青，不论纯沥青或其混合物都能耐酸耐碱，特别是耐各种温度的碱性。但经过碱的侵蚀其强度要降低。对耐酸性来讲只能在一定的浓度内才能起抵抗作用，如硫酸 50%，盐酸 20%，硝酸 25%。

煤焦油，包括煤焦油沥青，在炼焦过程中经过干馏所产生的。不论纯焦油或混合物抵抗碱侵蚀性比石油沥青还要高。对硫酸、盐酸来说和石油沥青差不多，但对硅酸来说它就不能抵抗。

（3）耐酸地板的设施

面料的形式：

① 石料——天然耐酸的岩石。

② 板料——辉绿岩或玄武岩，用溶化的 1400℃辉绿石或玄武石做成，其规格不甚大，110mm × 220mm，厚 18～20mm。能耐各种温度的酸性，机械强度很高，$2000kg/cm^2$，性脆，滑硬，冷，非常密实，因此也具有耐碱性能。但用于碱性车间有以下缺点：块小有缝隙。

③ 普通红砖——它本身并非具有抵抗化学侵蚀性能，由于它是多孔的材料，适于浸入耐化学侵蚀材料（浸石油沥青 8 小时），便成为很好的耐酸材料。也可用石灰和碳酸钙所组成硅酸盐砖来代替红砖。

④ 缸砖——耐熔的黏土加以焙烧具有很多（70%）氧化硅和氧化铝等，非常坚固，强度很高，非常密实，耐酸性强。

⑤ 耐火硅砖——用在冶金业耐高热的材料，其成分主要是氧化硅，具有很高的耐酸性能。但实际上很少使用，因尚有其他主要用途。

⑥ 耐酸砖——用特殊黏土——耐火黏土——制造，组织很细，质地密实，二氧化硅含量超过 70%，是耐酸中的很好的材料，受压强度很高 $1500～2000kg/cm^2$。

⑦ 瓷砖——陶土板——用陶土焙烧，密实，具有非常小的吸水性能，实际上是完全耐酸和耐碱的材料。

⑧ 石英砂和焦油或沥青压制的板——用石英砂是耐酸的，而且很高，能耐任何浓度的盐酸，

如硫酸 75%，硝酸 50%。

（整体式耐酸地板）

⑨ 耐酸沥青——主要是黑色胶合料加上其他掺合料所组成。例如：石油沥青加石英砂碎粉末，石棉（耐酸）；又如用焦油沥青也是同样组成，其所相同的，即在煮沸的温度（石油沥青 180～200℃，焦油沥青 140～160℃）。这种地板具有很多碳酸性能，而且比装配式具有无缝的优点。

⑩ 耐酸混凝土——用水玻璃或硅氟酸钠制成。所谓水玻璃即水体玻璃含硅酸钠最多，$Na_2O \cdot M \cdot SiO_2(M=2\sim5)$，也有含氧化钾的 K_2O，但因价值贵，用得少。（酸性模数 $M=\frac{SiO_2}{Na_2O}=2\sim3.5$）

块状，颜色是黄色或成浅蓝色，不溶于水，必须磨成粉末，提高温度，才能溶化于水，这种液体玻璃，硅氟酸钠是加速凝固的催化剂，同样不易溶于水，必需磨碎。

混凝土的捣制和一般做法是一样的，但必须用振动方法捣固；另在表面上涂一层同样成分的耐酸砂浆，为提高抗酸性能在表面上再涂一层浓酸，把孔隙填实，成一层薄膜壳。

（4）间层和填缝的设置

① 砂间层——石英砂间层——耐酸性能高，但它能使液体渗透，只能在用方料和温度很多的情况下才允许用石英砂。

② 耐酸砂浆——与耐酸混凝土制造法相同——水玻璃 + 硅氟酸钠，唯一的其填充料要是很细的。

③ 碳酸灰浆——与耐酸砂浆不同处就是其中无砂，用石英粉。这种材料最密实，防止液体渗透效果最好，价值贵，往往在缝的下面用砂浆，上面一层用这种灰浆，如为板状地板则间层用砂浆面灰缝用灰浆。

当有高温时采用以上砂浆或灰浆。

④ 焦油沥青及石油沥青砂浆——石油沥青加上很小的耐酸填充料（角闪石石棉），不易裂缝，低温时采用。

（5）对垫层的保护

采用隔绝层，一般用涂抹式和黏贴式，最常采用的是黏贴式，材料是油毛毡、石棉隔绝油毡和金属的隔绝毡（铝板、铅箔），厚 3mm，用石棉沥青混合压制出来的，具有塑性比较柔软的，作为隔绝层这是很好的材料，特别当垫层高低不平时，采用之更较合适。不过当温度降至 7℃时，它就要变硬而且脆。

1）垫层

垫层可用刚性、柔刚性、非刚性的。根据经济观点虽可采用非刚性的，但为抵抗化学侵蚀还是需采用混合式的，即一半用松散垫层，一半用半刚性的垫层，这是为保证液体不宜渗透下去。

2）基底

当侵蚀性液体渗透到基底的土壤中，能使土壤破坏而下沉。抵抗化学侵蚀的基底最好用石英砂，至少在表面上加上一层耐酸的碎石，如侵蚀性的物

质来自地下，则在基底上还应设置隔绝层，或使土壤硅酸盐化（浇上水玻璃夯实）。

（6）耐碱地板面层的处理

耐碱地板的面层，主要特点就是要求密实。几种处理方法如下：

① 水泥面层（水泥砂浆）可采用石英砂，最好采用耐碱砂，如石灰石的碎末。其胶合材料可用硅酸盐水泥或其他耐碱性的水泥。

② 混凝土面层，用耐碱性的填充料，须采用振动法夯实，特别面层更须使之坚实，其法有四：a）用水泥砂浆（1∶2 或 1∶1）抹面。但因水缩系数不同，容易脱落；b）仍用水泥砂浆，但采用喷射的方法敷在表面上；c）用沥青液体加挥发性汽油抹在表面上，部分能渗入混凝土中；d）夯实液体敷在表面上，其做法：（i）用空气压缩喷射器把 30% 氯化钙（$CaCl_2$）液体喷在地板表面上；（ii）经过 94 小时的干燥；（iii）用喷射品喷射 3% 氟化钠（NaF）；（iv）依上列次序再喷射第二遍。

③ 辉绿石（或玄武石）板，由于密实也可作为耐碱用。

④ 瓷板或陶土板，既耐酸也是耐碱的。

⑤ 沥青面层，石油沥青及焦油沥青，尽可能使铺得密实些（加压力），因此沥青板是最好的，但因有缝又是它的缺点。

⑥胶合料板，用黑色胶合料加上很细的填充料压制而成，为满足耐碱其填充料应选择耐碱的，例如石灰石。

碱性车间经常不用小块石料，因接缝太多。

1）间层

在耐碱地板经常不用砂间层，一般用砂浆或灰浆做间层。

2）隔绝层

和耐酸地板完全相同。

3）垫层

一般说来可用非刚性、半刚性，但实际上不完全用非刚性，而在其上加一层半刚性的，这就成为混合的垫层，填充料须采用耐碱的。

4）土壤

一般的土壤——砂质土是不耐碱的，应用耐碱的碎石铺在土壤上夯实，如碱性侵蚀严重的情况下，还要在碎石层上敷设一层沥青。

5）楼板

在有化学侵蚀楼板，其钢筋混凝土的楼板上应先敷设一层隔绝层，石油沥青，焦油沥青。

5. 地板的连接方法

① 地板的各层完全不相同。

② 垫层相同，面层可能不同。

③ 连接的地方在伸缩缝的地方。

须加处理的即在面层的连接，面层材料都相同而垫层不同，其伸缩也不同，面层材料如不同，则在面层更有不同的情况发生，有的易被磨损，有的抗磨损，则在接缝处易出现高低不平。因而可用边框的方法加以处理。这种边框是设在抗磨损（硬度高的）的那部分。

需要做变形缝的地板，垫层是刚性的混凝土，而面层也是水泥、混凝土、陶土板、钢板（铺在水泥砂浆上）等等刚性的地板，另外，沥青做间层，面铺面板又是刚性的，接缝又很小，也需要做变形缝，假如铺在松散砂子间层上，而且接缝又很大，则不需做变形缝。

在采暖的车间温度变化不大，其变形缝允许 20～30m，如在不采暖车间，温度变化大，其变形缝允许 10～20m，其缝宽一般取 20mm 就足够了。缝用石油沥青或焦油沥青加石棉等纤维质，当温度高于 50℃时，则用砂或石棉来填充变形缝。

6. 地板和墙或柱的连接

要考虑地板有无不同的深陷，如有不同的深陷，应使地板与墙不离，用沥青玛蹄脂填充其接缝。在潮湿车间或要求很清洁的车间，经常要做踢脚板。

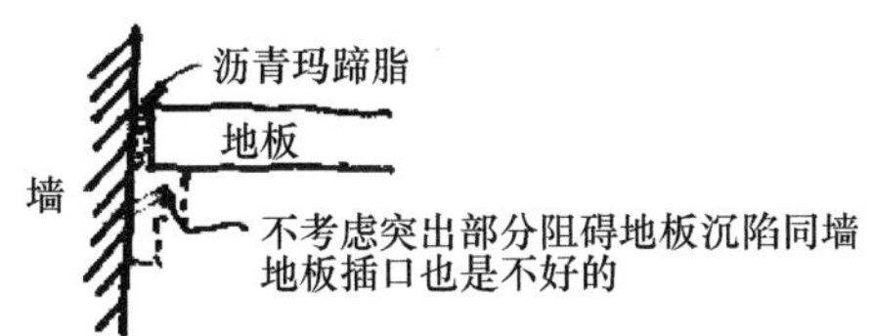

七、隔 断 墙

根据防火、温度和生产有害物对隔墙有不同的要求，有的采用砖、钢等不同的材料。工业与民用隔墙有相似之处（指房间不太高），但当房间高时，就要采用骨架墙。为了不挡光线，吊车隔墙不做到屋面下部，一般是不超过 2.5～3.0m。

砖隔墙——用普通或轻质砖（多孔或空心的），隔墙厚度一般用 1/2 或 1 砖，不超过 3m 的高度，不需加钢筋，墙长不超过 4m 也不加钢筋。如需加钢筋时每隔 6 皮砖加一道钢筋。钢筋也可利用扁钢筋，钢筋端部需要固定在墙上或柱子上。

轻型钢管架墙——设在单层较高的房间内，钢管架的柱子要固定在地面垫层上或自己单独做柱础，骨架的填充用不太厚的材料，1/4 或 1/2 砖以及 1/2 矿渣砖，也有时用大型板材作填充物。

钢筋混凝土隔墙——这种墙是整体浇灌式，目前不多采用，造价高，只当要求刚性大或耐火度高时才允许采用。这种墙除承受自重外，还须承受其他力量时（如水平力或当有爆炸、振动时）才可采用。隔墙的钢筋网一般作 15～20cm 的中距，钢筋用 ϕ6～8mm，厚度 6～8cm，钢筋与四周的结构均需固定起来。

大方格网墙——网格为 45cm×45cm，网眼中间装钢丝网，双面粉水泥砂浆，厚度 3～5cm，钢筋用 ϕ10～16mm。这种钢丝网隔墙经常用在潮湿的房间（如变压器室或淋浴室的分间）——淋浴室分间墙有时还要贴瓷砖。

活动隔墙——装配拆卸隔墙，一般用木料，安装在地板上，长超过 6m 就不能保证它的稳定性，需加竖梃。另外，钢质活动隔墙是利用角钢，做法与木隔墙相类似。空档镶玻璃或装钢丝网，可直接固定在地板上（用螺栓），墙长超过 6m 时，需加立柱来保证稳定性。

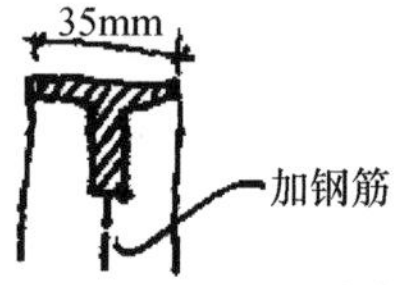

装配式钢筋混凝土隔墙——主要在潮湿房间（如生活间的沐浴分间）。墙板用 35mm，用丁字钢作边框。

八、大　门

大门供给人流大量疏散或货车的出入，大门可设在纵向、横向或墙的转角地方。在采暖车间的大门还须设置门斗，除能容纳一辆车外，还须留有走人的地方约 50cm。不采暖车间不经常出入的铁路不设门斗，列车很多时也不设门斗。

大门的宽度应比列车宽 60～100cm，高为应高出 50～60cm。门高根据墙的模数 600mm 为模数。造船厂内有特殊大门，高至几十米，例如船只车间、装配飞机车间。

小尺寸门用木制，大尺寸用钢制。为保暖可加毛毡、矿棉等填充料。大门下部通常留有 2.5～3cm 的缝隙（为了地面上有阻塞物），为防止透风起风，可在缝隙处加装帆布或橡皮条。大门为防风雨侵蚀向内开（靠近内墙面安装）。

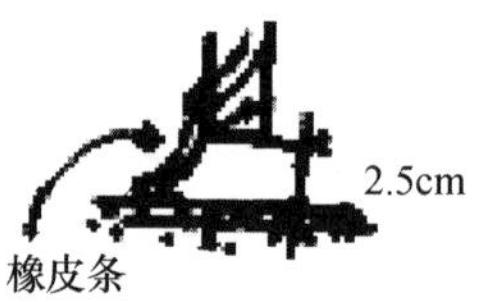

九、楼　板

木楼板——工业建筑中只有在湿度不高，火灾危险性不大，一些暂时性的建筑才采用木楼板。当采用木楼板时，如用梁来支撑，当安装设备时就有时落空，无处固定。因而采用木方拼凑起来，上面再铺木地板。这样就很灵活地安装设备。但这种结构消耗木材很多，只有在接近木材产地才可采用。

钢筋混凝土楼板——过去采用现场浇注的钢筋混凝土楼板，但近来已改用预制安装楼板，其规格为 6m×6m，其荷重力为 500、750、1000、1500、2000kg/m^2。

基本上有两种形式：肋式和无梁式楼板，根据跨度、荷重及其经济性来选择其形式。

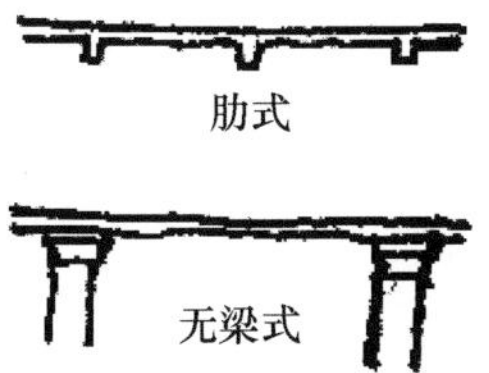

有大量灰尘和分解一些气体的车间希望采取光滑的天花板，因而无梁式楼板就能满足这种需要。而且对采光方面也是好的。例如纺织车间、精密机械车间等需要有充足的光线。

肋式楼板，采用吊棚的形式也可得到光线的大棚，但不经济。柱网间距较大而且为长方形的，则通常采用肋式；当柱网为正方形而跨度小，大于 6m 则采用无梁式楼板。

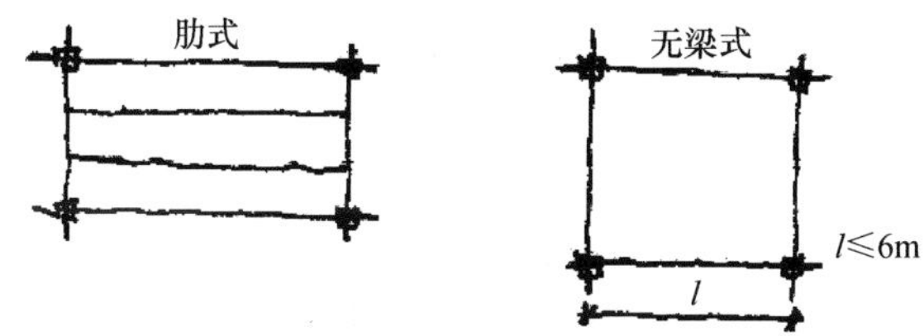

荷重 500～1000kg/m^2 采用无梁式楼板。荷重较大而且有集中荷重则采用肋式楼板。

装配式楼板与民用建筑一样有铺板式、搁板组成的梁式。

十、楼　　梯

工业建筑楼梯分三种：主要楼梯；服务楼梯；防火楼梯。

① 主要楼梯又分为出入楼梯和急用楼梯（或称太平梯），二层建筑楼梯每一米宽度不能超过 125 人，三层楼不能超过 100 人，三层以上的建筑每米宽度不能超过 80 人。

少层建筑楼梯每 1 米 125 人，每 2.2 米 300 人。

多层建筑楼梯 4～5 层，1 米 80 人，2.2 米 196 人。

多在 1 米以下的宽度不超过 50 人。

由楼梯到最远的出口为 25～75 米。如耐火程度在Ⅰ和Ⅱ级时，不加规定。

有阁楼的建筑楼梯要通到阁楼（改用梯子即可），在两层建筑里楼梯至少需 80cm 的宽度。

在工业建筑中楼梯间应不少于两个（两层建筑中二楼工作人员不超过 100 人，多层建筑中每层不超过 15 人时，允许设一个楼梯间）。最上层的人可利用防火梯疏散。

在生产可燃烧的声品，才允许设内部楼梯，否则须用非燃烧材料做楼梯间的围墙材料。

② 服务用的楼梯——只用于个别工作台间的联系，做成开放式，不做楼梯间，计算疏散时不应包括这种楼梯，经常用钢材做成。梯宽 70～80cm，斜角∠≥45°，有时为节省面积做成垂直的，假设楼梯很高的话，中间应做平台，一般在每一层楼的高度就应有休息平台。

梯子角度在 80° 以上时，就不需要做扶手栏杆。梯子踏步板可用钢板和无钢条。

③ 防火楼梯

供消防人员在救火时用，使很快地爬到屋顶上，在多层建筑中防火楼梯也兼用作上层人员在紧急时疏散用。

当建筑物高度不小于 10m 时，要设防火楼梯，但当二层建筑或小于 10m 的建筑，如内部只有一个楼梯时，也应设置外部防火楼梯。

当建筑物高度在 30m 以内时，防火梯可不做休息平台，但再高时防火梯应设置倾斜的，其角度不超过 80°，并应设中间平台，这种平台可每隔一层设一个。

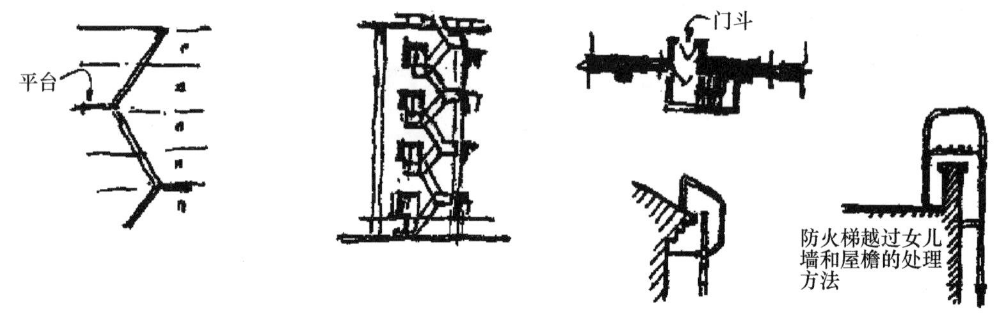

防火梯的距离楼建筑物周长不超过 200m，就需设置一个。

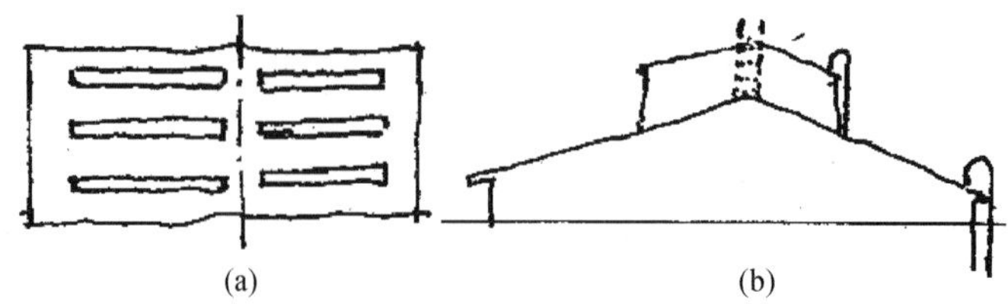
(a)　　(b)

当屋顶天窗有隔断时，防火梯应对准隔断处设置（如 a 图）。当天窗没有隔断时，到天窗上的小梯应设在靠近防火梯，不设在天窗的端部（见 b 图）。

十一、防 火 隔 断

防火隔断目的是使火焰不蔓延，防火隔断的做法有以下几种：

防火墙；悬吊式防火墙；防火带。

1. 防火墙

做成死墙，把可燃构件整个隔断，这种墙用耐火极限不小于5小时的材料做成，窄的建筑仅在横间设防火墙，宽的建筑可在纵横两向都设防火墙，防火墙自己做单独基础，上面超出屋盖。

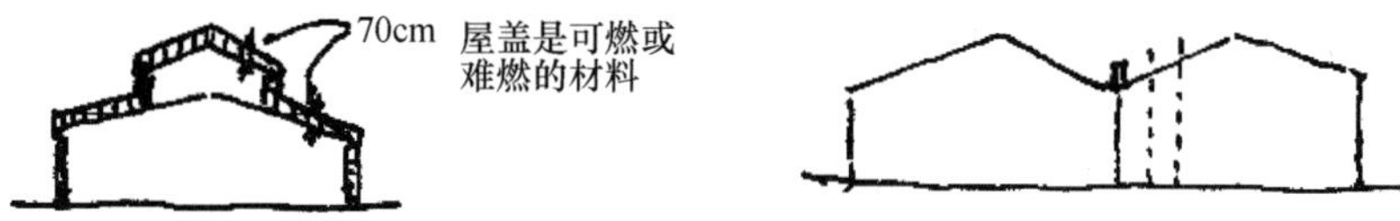

对屋盖是不燃的材料，防火墙高起40cm即可。

在纵向的防火墙不论设在天沟处或他处，也不论屋盖是什么材料都应高起屋盖70cm。

防火墙在建筑物的侧面也应凸出墙面40cm，在防火墙上不应开洞，如在必要时，应用拒燃或面上包钢板，并披上石棉毡，如用玻璃须用铅丝玻璃，使玻璃破墙时，仍不能掉下来，以便防止火焰的蔓延。

如为通电瓶车的门可设水幕来防火。另外，也可用自动的推拉式的门。

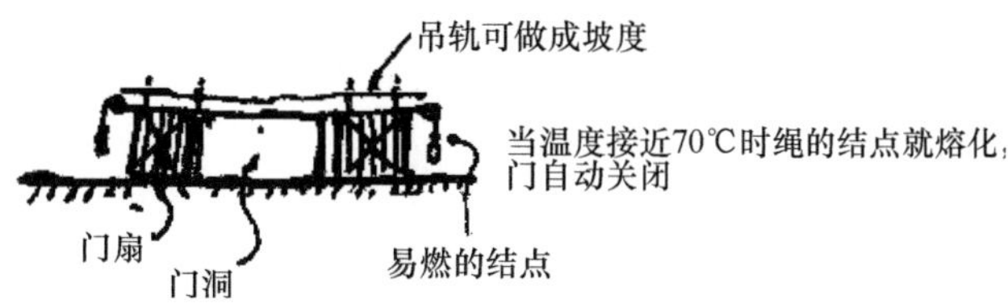

经常不允许在防火墙上设置通风管道或其他管道；也不允许接搭可燃的构件，如必须设置时，也应使防火墙有足够的稳定性。例如：

在Ⅰ级的建筑内不论生产什么都不设防火墙。

在Ⅱ级的建筑内生产不燃的产品也不设防火墙。

其他的情况则设妨火墙，至于防火墙的具体要求，根据规范来设计。一般防火墙的面积约在1250～7000m^2。

2. 悬吊式防火墙

在一层建筑中，窗是不燃材料，但屋面是可燃材料，而其中又有桥式吊车，在这种情况下，设悬吊式防火小墙。

另外，此种悬吊式防火墙要低于承重构件（梁式屋架）25cm。

3. 防火带

当设悬吊式防火墙妨碍了生产时，则采用防火带，它的宽度应不小于6m，墙、门、地板、楼梯、屋架、屋盖都应采用不燃烧材料。在防火带处建议设置天窗，在纵向的防火带宽度可等于一个跨，以求结构简便。

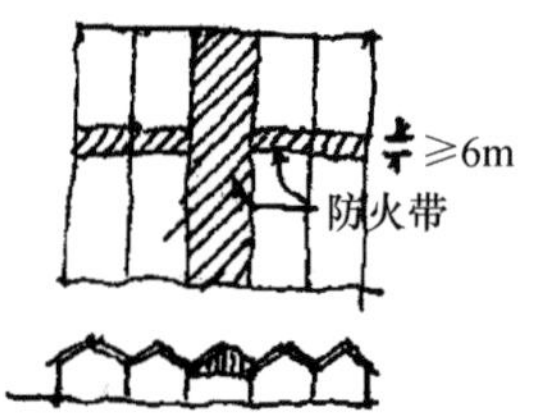

用作防火带的材料，其耐火极限不应小于5小时，用作防火带屋盖的材料不小于2小时。

在防火带地区不允许设置可燃材料的仓库，否则也应采用防火极限不小于5小时的材料来做仓库的围挡物。

当Ⅲ、Ⅳ、Ⅴ级的建筑物其中又生产可燃的产品采用防带。

十二、天窗机械开关的设计

把窗扇的总长度划分为几段，每段设一减速器（减速器可设在欲开启窗扇一段的中间或一端，对轴或机械减速器为便于开关起见，设在中间，也可设在端部。杆式机械减速器来说则必须设在中间）。

决定机械类型和位置。

设置减速器、开关等的位置决定下来。

如何把机械设备固定在建筑承重结构上。

设计在现场创造的构件。

机械服务设置的位置应考虑下列因素：

① 选择一个机械所能开关的长度。

② 当计算采光、通风后，需确定开启的面积和位置，并根据通风的要求划分成适宜的段落，尽可能使段落长度相同，这样便于采用同一规格的机械。

③ 经济的比较以及管理、维护的比较，电触的消耗可不计算。根据经济观点，分段尽量长些，但这不是唯一的因素。

必须采用机械减速器的情况：

① 装在 9 米以上的高度。

② 当链条联系到柱子上或墙上都不方便时。

③ 在大车间内有大量机械开关设备（15～20 个减速器）。

十三、关于模数制度的问题

时间、经济、质量，从这三方面来给建筑工业化作评价。

不能把建筑工业化仅仅体会为预制构件，主要的在更广泛地采用机械化生产，因此使现场的构件更适合在工厂里生产。

如果把机械集中在现场，那只能限于浇灌的工程才有这种条件，如水塔、水库等（用活动模型板），但对于工业建筑、民用建筑来说，用活动模型板也不尽是合适，可以把这种工作集中在工厂里，现场只是进行装配。

装配式的任务主要是制定标准构件，可以大量生产同一规格的构件，就是建筑工业化的基本要求，也就是建筑师、工程师可应考虑的问题，尽量使规格统一，尺寸变化少。

一个设计不但考虑在同一建筑物的构件规格简单化，同时也要考虑这个构件可以很广泛地应用在其他的建筑物。

标准单位系统（或模数）——是每个设计师的必须遵守的现场法律，就是规定一个单位数，任何构件的尺寸都使成为它的倍数——有的国家采取 M=100mm——这是对于大的工业建筑的规定，若是砖石构造这个模数就不一定合适，100mm 模数的优点就是适合十进位的数字。

所有以上的划分轴的距离（长度）都须模数化。

特别基本单位（扩大模数）=n × M，就是特别基本单位一定要是模数的倍数。

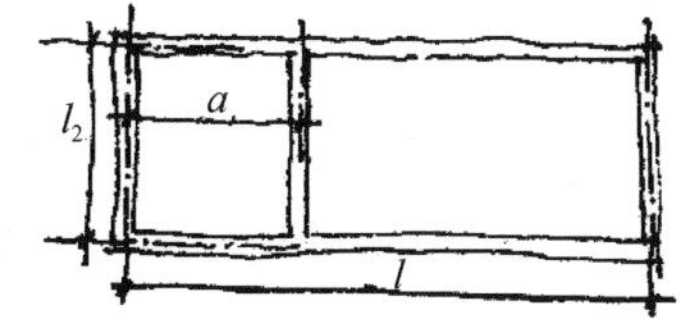

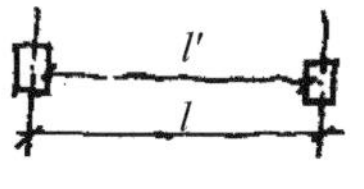

对于居住建筑来说，基本单位由 200～400mm，但也可小一些，100～200mm，对分间墙来说，

也可取 50mm。

模数取得小（200mm）对设计是很方便，但可能产生出很多的规格。

模数取得大（400mm）对设计是高限制，但对规格来说，可以简单化，不便产生更多的规格。居住建筑常取的模数：

① 划分轴的距离 M=200 或 300

② 房间尺寸 M=200 或 400

③ 层高 M=200 或 300

但近来工程师们认为层高取 300 较好一点。

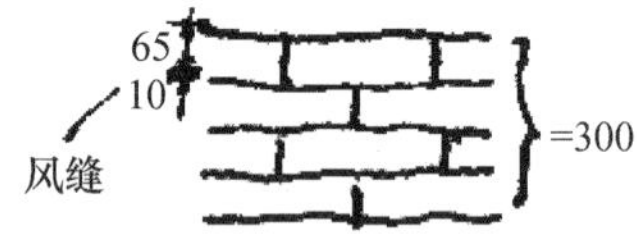

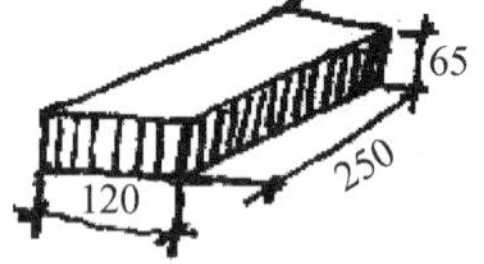

砖的规格

④ 楼板层梁间的距离 M=200

⑤ 砖墙的厚度 M=100 或 200

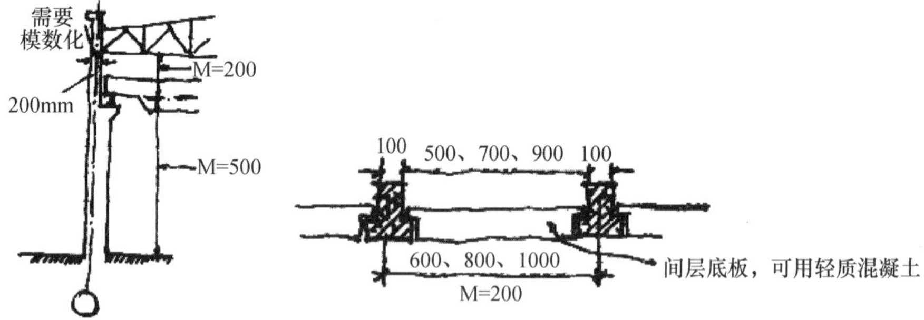

1）楼层的剖面

居住建筑的楼板层梁以 4.00m，3.60m，3.20m，2.80m 较为合适。

为防止构件误差影响装配，而把构件的长度尺寸减小 5mm，原为 500、700mm 可做成 495、695mm。

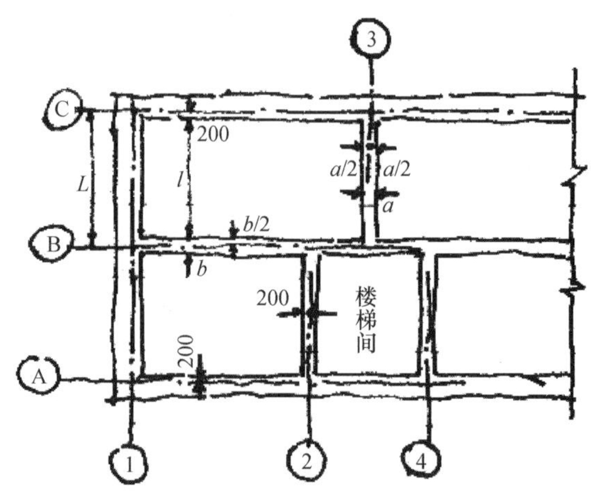

2）砖结构平面轴线划分法

$L=l+$ 梯入墙内部分（应是常数）

横隔墙的布置：

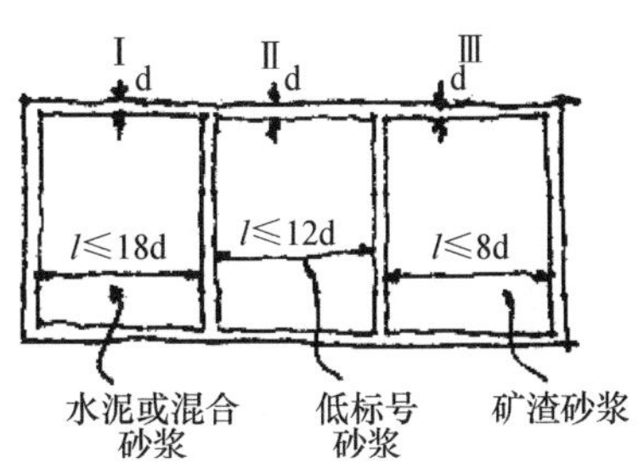

根据采用的砂浆标号不同，隔墙的间距也有所不同（见上图），在这些情况下，墙的高度不受限制。

如为一层的建筑可把内横隔墙改为砖墩子。采用轻房隔墙（以板条墙），或不做墙（如不需分隔时）。遇多层建筑时，则楼板层可起支撑作用，使外墙有刚性，而成一个整体。

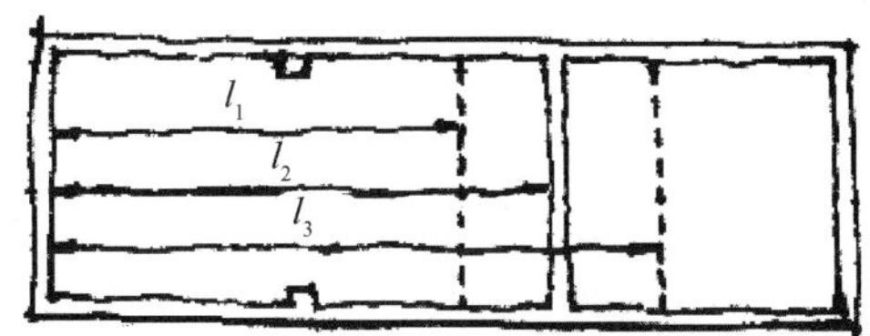

上图表示楼板层所用材料的不同，则横墙的间距 l 也不同：

l_1= 木楼板层；

l_2= 钢筋混凝土预制装配；

l_3= 钢筋混凝土捣注。

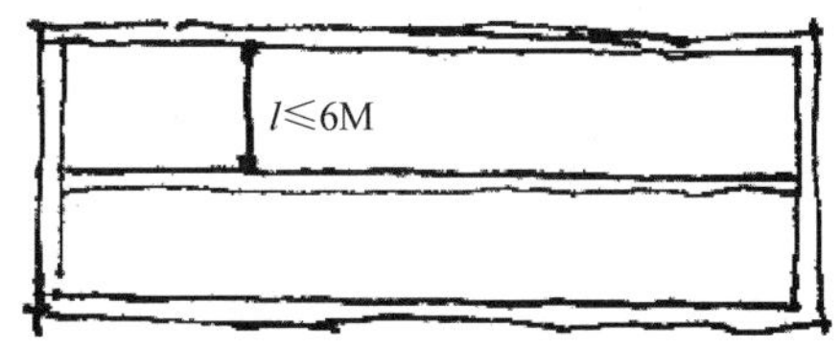

上图，如 $l>$6M 时，需设置隔墙。低层建筑为了支撑楼板，但在高层建筑中，同样它也起增加强度的作用。

遇多层建筑时，外墙高度应低于 10～14d，否则须加楼板层，将墙身高度分成多段。

横墙起强度、防音、防火作用，因此横墙保留下来，纵墙改为柱和梁头来代替，但多层建筑仍以作纵墙为合适。

划分轴线的问题：

为适应预制构件模数化和内墙符合模数的需求，划分轴线时也应符合模数化系统的要求。

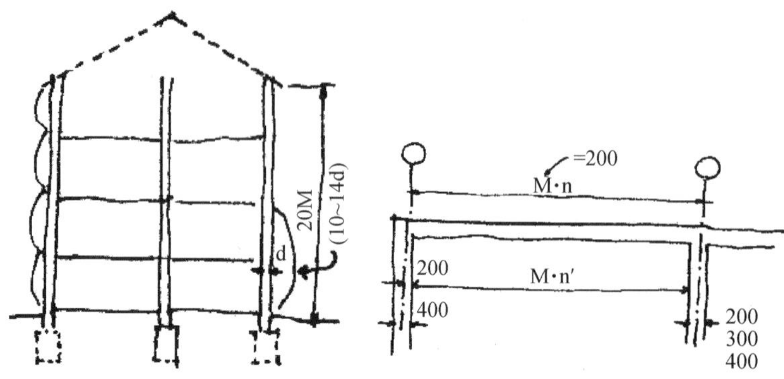

当墙厚为 400 时，划分轴与墙的中心线相重合，但当墙厚不是 400，或多或少时，划分轴仍须离由墙面留 200mm，以便于合乎模数化系统。当分间墙厚为 200 时，轴线每边为 100，即模数系数为 100，这样也可以。

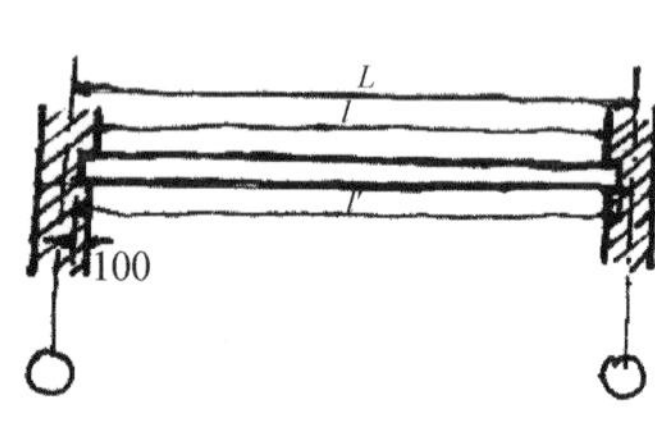

梁与轴线的关系：

$L-l$=30 或 40cm

$L-l'$=10 或 20cm

假设梁端搭接墙上为 10cm。

大板材结构的布置以及与轴线的关系：

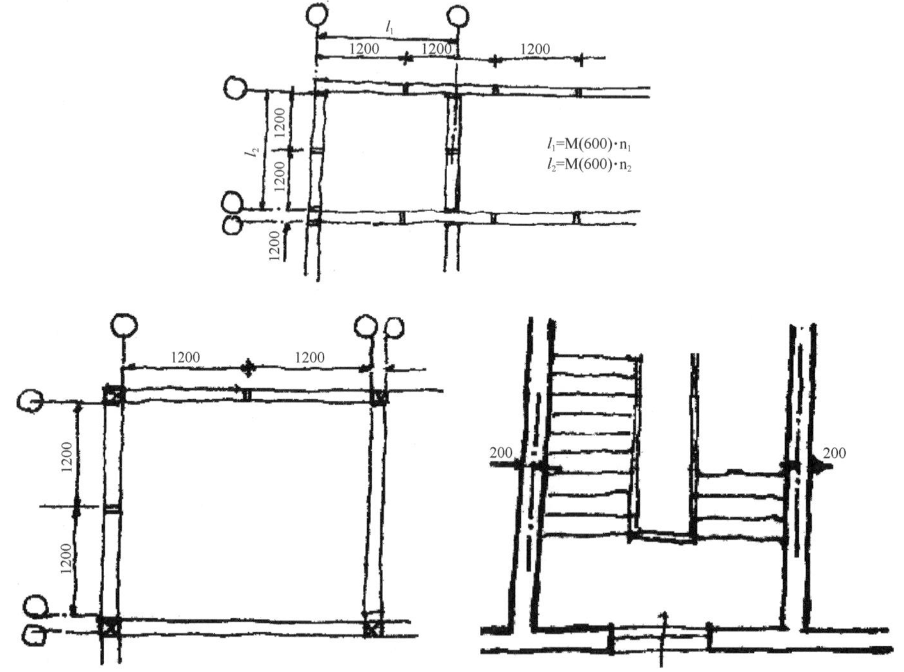

楼梯间墙的轴线应靠近房间一面，留出模数（200），用楼梯间有无模数并无多大的意义。

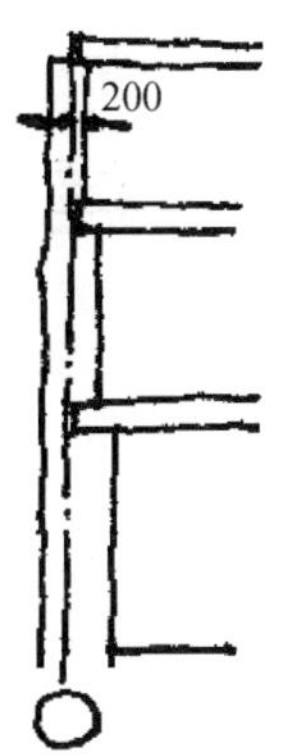

多层建筑的轴线以最上面的墙为标准，这样一般的梁都可利用。所有墙身的轴线应与墙基础的轴线相重合，也就是说应是一个轴线。

西安城建协会举办40年建筑工作表彰会发言稿

今天我来参加西安城建协会主办的 40 年建筑工作表彰盛会，感到非常荣幸！在此特向主办单位和同志们致以崇高的敬意！

回顾我的一生，从事建筑这一行业，已有五十余年之久了。解放前，在上海主要搞建筑设计实践工作。新中国成立后，于 1950 年初应聘到沈阳工学院任教，并兼任建校设计任务。不久又改为东北工学院，新选校址，建校任务更为繁重，东北设计院支援的情况下，能在短期按计划完成大学校舍建筑设计任务，而保证了相当的质量，这一点给有关领导部门和同志们留下较深刻的印象。我以往设计投付使用的主要作品，已刊登在《建筑师》期刊第 9 期“新中国著名建筑师”的栏目内，有的还吸收到《中国建筑史》中的“近代建筑”部分。在这就不细谈了。

下面对西安地区建筑创作风格问题，谈点不成熟的意见，请允许我首先谈谈建筑创作理论问题。我在 1981 年曾写过《对建筑理论基本问题的探讨》一文，曾刊登在《建筑师》期刊第 8 期。该文我曾把建筑的本质概括为：“按人们的意志，利用适宜的材料构成一定的空间，做人们能在其中安全与方便地从事于各种活动，而且可能赋予人们以不同美的感受。”那么意志是有阶级性的，材料和构成是属于科学技术的问题，美感是属于人们的艺术创作的问题。因此，我把建筑基本理论概括为建筑具有三性，即阶级性、科技性、创作性。近年来我考虑到“阶级”这个词对资本主义社会来说，他们思想上是会有反感的，现在我把他改为“社会性”，这样内容更广泛些，既包括社会上的不同阶级，不同的社会制度，也会有社会生产力的问题。所以，以社会性、科技性和创作性作为建筑基本理论，那么建筑创作也就有了依据，有了基础。但这种基础不是凝固的，它是随时代来演变的，因而建筑创作也自然地随之演变，这是自然的规律。何况人们的审美观点不断地变化。这就是以说明近几十年来积累上去的各种建筑流派有了理论基础，就不足为奇了。

具体来说，对西安地区建筑创作风格究竟怎样看待呢？这是值得商榷的问题。西安是个古城，是中华民族发祥地，文物遗迹很多，作为旅游胜地早已驰名世界，如何保护文化遗产，早已引起人们的注意，提出保护古城风貌的呼声也很高。城市规划局为此采取了一些措施，如限止城内及某些地段的建筑高度，对南大街的建筑风格也提出要求，已收到了一定的效果。但从整个城市来说，近几年新兴的建筑物模仿新流派的多，照顾地方风格的少，这一则是设计方的爱好，另一方面也是建设投资方的要求，这是大势所趋，不这样做就要被讥笑落后、保守，赶不上世界新潮流，显示不出城市的新气象。这是可以理解的。问题是外国人能用新材料新技术创作出他们所想象的各色各样的建筑形式，而成为各种流派，我们何必步他人的后尘，亦步亦趋地模仿呢？而不发挥自己的才智创造具有中国特色的新建筑形式呢？问题是人们的认识还不统一，有的对建筑创作的提法也不符合实际，例如我和其他人也曾说过：“在建筑创作上不要照抄中国古典建筑形式，而是要寻求神似”。今天我认识到这种提法是脱离实际的，不确切的。建筑物是由造型而存在，如果没有形，“神”也就不存在了。例如华山岩石上的“仙人掌”，峪道岩石下的“白蛇”等等，都由于存在着粗糙的形状，人们把它神化了而命名。关键问题是采取什么形式，约在30年代初期，我国建筑界有些人已经注意到，在沿道大城市中的建筑要洗刷半殖民地的耻辱，设计具有中国特色的建筑，其中有的用上琉璃瓦大屋顶，有的用琉璃瓦小屋檐，有的用传统物件（符号）作为装饰，一直延续到今天。

再对西安市建设的策略来说，曾提出保存“古城风貌”，我认为“风貌”这个词含义太广。那就意味着一切保持原样，这是脱离实际的。是否改称具有“古城特色”较为确切些。在城市总体规划方面，我同意在市内有选择地保存或修缮一些具有历史意义的旧建筑，有计划地限制新建筑的高度。至于新建的建筑风格，我认为要区别对待，不能一刀切。对具有历史或政治意义的新建筑可采用较浓厚的传统建筑风格，例如：陕西省历史博物馆，省政府办公大楼等。对一般的民用建筑那就要根据现代科学技术的发展，鼓励创造出具有地方特色的建筑风格。“后现代派”提倡现代建筑结合或附加古典“符号”，而我们就不能适当地采用传统或具有地方特色的“符号”嘛？我认为是可以做到的。问题是我们对建筑创作的领导，在行动上还跟不上客观形势的发展和要求。例如：批评的多，鼓励的少，影响了创作的积极性。建议对现有的本市各类建筑，组织力量进行一次总的检查，筛选排队，从中找出有无可借鉴的实例。经常举办任选建筑创作竞赛，对于有建筑方案竞赛项目，也可把具有地方特色的要求，列为必要的条件。这就容易掀起创作具有地方特色新型建筑的热潮。实践证明：建筑风格的形成需要一定的过程，只需发动群众，认真总结经验，去粗取精，随着时代潮流的发展，相信在不久的将来，会把西安建设成具有地方特色的现代化古城。

以上所谈仅供参考，难免有贻误之处，请同志们批评指正。

1987年11月22日

建筑中定型化和统一化的发展

一、发展的道路

在民用的居住建筑中主要是单元定型化，包括楼梯间统称为单元，由单元组成不同形式不同长度的各形建筑。可是这种定型化是有限制的，现在已过渡到整个的定型化和大量定型化，它有共同建筑的构造和艺术处理。

工业建筑中同样由定型单元所组成，即单元柱网所组成。不仅单独车间定型化，整个的企业也定型化了，现已有工厂定型的企业设计（例如高炉和化学炼焦车间）。

二、统一化问题

每一个构件在建筑中都有它的重复率，仅限于同类的建筑中。定型构件在建筑中有不同程度的重复使用率，其使用率大的就叫着统一化，在整个建筑中都能使用的叫着通用统一化。

现在需要根据“建筑成品类型目录”的构件来进行设计。

对定型产品的要求：

① 广泛的通用统一化。

② 类型尺寸最小，数目最少。

③ 最大限度地扩大构件的规格（根据建筑中机械起重能力以及运输能力，此外在街道上运输长度不能超过 6～7 米，也受高压、蒸气缸的限制）。

解决上列的矛盾采用：

① 扩大模数。

② 使建筑物尺寸统一化。

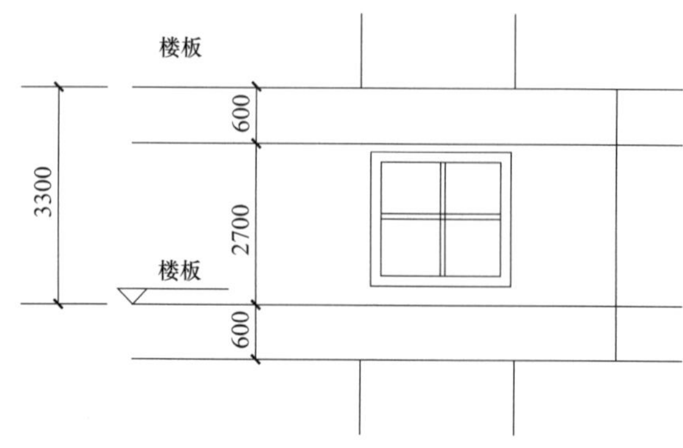

对民用的居住建筑：

宽度、层高、室内高度、窗台的高度，窗间墙的大小，窗洞、门洞的大小等等都应统一化。

对工业建筑：

① 尽量要求形体简单，最好是长方形。

② 尽量通兑高度差（相差在 1m 以内的作一样高）。

③ 纵横向伸缩建设两排柱子。

④ 天窗设纵向天窗。

⑤ 柱网模数：

柱跨：$l \leqslant 18$m，M=3m；

$l > 18$m，M=6m。

一般采用 6，9，12，15，18，27，30m；

柱距采用 6m。

多层厂房：

宽度采用 18，27，36m，高度采用 600mm 模数（一般为 4.2、4.8m），柱网纵横均采用 6m。

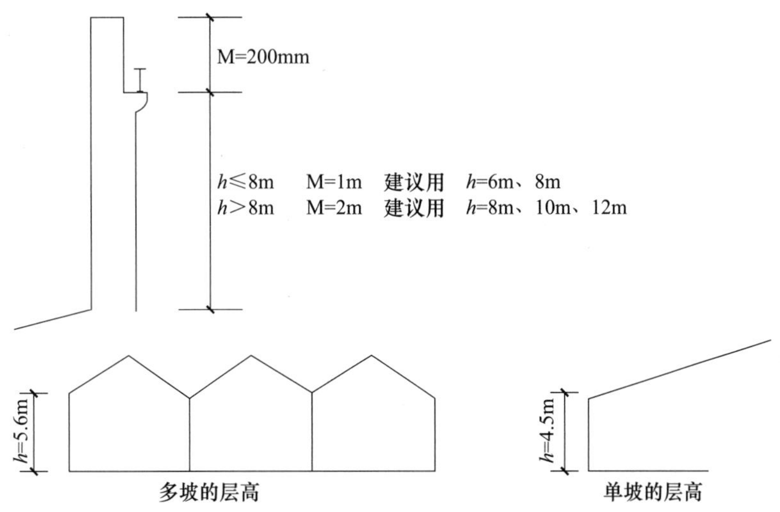

一般屋顶坡度采用 1∶12，三层卷材屋面允许做 1∶14，但考虑到结构的要求，坡度为极限仍为 1∶12。

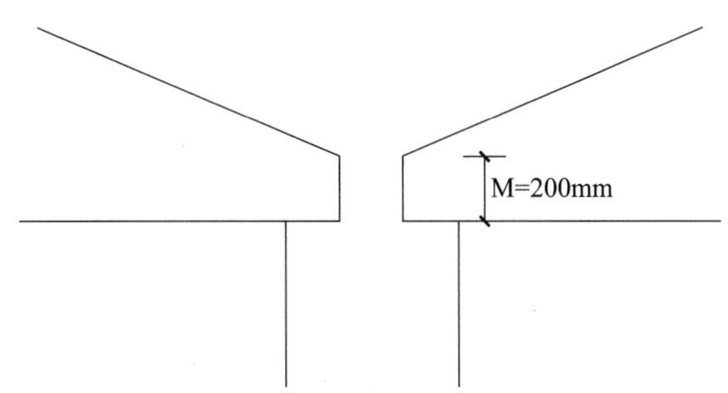

窗的宽度：1.5，2.0，3.0，4.0，6.0m；

高度：M=600mm。

门的宽度：1.0，1.5m；

高度：M=600mm。

大门的宽高：电瓶车用 2.0m × 2.4m，汽车用 3.0m × 3.0m，4.0m × 3.0m。

窄轨铁路用 4.2m × 4.0m，宽轨铁路用 4.7m × 5.6m。

据另外材料关于车间大门的规定：

大门应比装满货物的货车宽度大 60～100cm，高度比负荷的最大高度高 40～50cm，如通过电瓶车、小型货车、轻型汽车，门的尺寸采用宽 2.4m，高 2.5m，通载重汽车宽高为 3.0m × 3.1m，3.4m × 3.5m，4.0m × 4.1m，窄轨铁路运输用的门采用宽高为 4.0m × 4.1m，宽轨铁路运输的门宽 4.8m，高 5.7m。

宽轨铁路由中轴线到墙或结构的凸出部分的距离应不小于 2.45m。

厂房结构统一化的基本规则：

1）同方向的跨间高度差不大于 1m 时，通常设置高度差，如高度差小于 2m，且底跨间面积不大于车间总面积 40%～50% 时，亦不宜设置高度差。

2）厂房没有装配式钢柱及各种起重量的吊车时，如跨间高度相同，则所有跨间的柱高尺寸，一般采用重型吊车的柱高尺寸（根据工艺的合理性，有时轻型吊车跨间柱亦可采用按其所需的尺寸）。

3）宽在 60m 和 60m 以上的设有砼柱间落水单层厂房，当在二平行跨间有高度差时，连接处宜与温度缝相合，并应用成对柱子，另外在纵向空位轴线间加设“插入距”。

小于 60m 时，两平行跨间的高度差应设在一根柱子上。

4）跨度在 18m 以内，横向采用 3m 的模数，在 18m 以上采用 6m，纵向采 6m 的倍数，如跨度在 9m 以内即采用 6m。

5）① 无桥式吊车厂房高度：自地面至屋顶承重结构底部采用 1m 模数。

② 有桥式吊车而轨道标高不大于 8m，采用 1m 的模数，轨道标高大于 8m，采用 2m 的模数。

③ 从地面至屋顶承重结构底部以及从地面至吊车托座顶部的高度应采用 200mm 的模数。

6）① 在外落水边跨无桥式吊车的跨间，由地面至屋面结构底面采用 4m 和 5m。

② 有悬挂梁式吊车的厂房以及内落水无桥式吊车厂房其跨间高度采用 5m 和 6m。

③ 设有吊车跨间：起重量 5～10t 时，地面至轨顶 6m 及 8m，如起重量为 15、20、30t 时，采用 8、10、12m，而 12m 仅在起重量为 20t 和 30t 时采用。

④ 跨间的高度相同，如因个别跨间由吊车起重量不同时，可利用垫板把吊车梁垫高。

7）墙塑构件尺寸的扩大模数在顺墙的方向采用 500mm，在高度方向采用 600mm。

8）主要大型墙块在顺墙方向采用 1.0、1.5、2.0、3.0m，在垂直墙的方向采用 0.6、1.2、1.8m。

预制板尺寸在顺墙的方向采用 6.0m，在垂直墙的方向采用 0.6、1.2、1.8m。

文章

决心做好本学期的工作

我院第二次院务委员会议一致通过了赵文钦副院长关于1958年学院的工作总结报告。这个报告充分反映了我院过去一年中在院党委领导下和全国大跃进的鼓舞下，不论在教学、生产劳动、科学研究、文体活动以及政治思想教育各方面都得到了飞跃的发展，使我院的面貌起了巨大的深刻的变化，获得了辉煌的成绩。它充分地说明党的教育方针的伟大和正确，也说明学院的工作唯有在党的坚强领导下，才能使教育质量突飞猛进地提高；只有在党的领导下，才能办好社会主义和共产主义新型的高等学校。

为了在58年胜利基础上，实现更大、更好、更全面的跃进，我们建筑系决心在院党委、院行政和系党总支坚强领导下，作好以下各项工作：

一、继续加强政治，思想教育工作

在各项工作中继续政治挂帅，破除迷信、树立敢想敢说敢做的共产主义风格。决心在系党总支领导下，组织全系人员认真学习毛主席经典著作，八届六中全会文件，苏共二十一次代表大会文件，和马恩列斯论共产主义社会等的著作，除此之外，在具体工作中，例如：修订教学大纲，编写教材，也要认真地学习党的教育方针、政策，树立辩证唯物主义观点，不断批判旧思想，旧观点，树立新思想新观点。

二、继续进行教育革命不断提高教育质量

要在教育工作上继续深入教育革命，坚决贯彻党的教育方针，首先要抓教材的编写工作，并订教育计划，继续完成教学大纲的修订工作，要求现开的每门课程都编写新的质量较高的讲义或教科书，在编写教材的工作中，要在党总支领导下，坚决贯彻群众路线，师生结合、发挥集体力量，广泛收集资料，密切结合中国实际。

此外，对教学法的工作也要大力改进，尤其对现场教学，设计院进行课程设计，生产劳动，以及课堂讲授等各个环节，均需及时总结，巩固优点，改掉缺点，并组织现场会议，交流经验。

在教学工作中，各教研组应督促教师加强对工农学生学习的辅导工作，并提出具体措施，按期检查执行情况。

三、师生合作，大搞科学研究，向十周年国庆献礼

科学研究工作在本学期是我系重点工作之一，必须在党总支领导下，师生结合、破除迷信、鼓足干劲、争取以优良的成绩向国庆献礼。

四、师资培养工作

对新生力量应发挥他们的积极性，及时培养提高，其具体办法是通过生产劳动，编写教材，准备开课，助课试讲，批改作业，教学法活动，到生产单位收集资料等等，结合业务工作来进行，教研组对这一工作列入工作计划内，并随时督促检查。

五、设计院工作

我系师生自参加设计院工作以来，对理论联系实际；加强施工、经济观点、锻炼设计思想和彻贯党的有关方针政策；培养学生独立工作能力，加强责任感，以及对展开科学研究和全面地提高教育质量等各方面，均获得了显著的成绩，因此，在党总支领导下，系和有关教研组应再进一步加强设计院的工作，纳入工作计划，使教学与生产密切相结合，并加强图纸的审核工作，在多快好省的前提下保证设计质量和进度。

此外，对全系文体卫生工作和班指导教师工作，也要实现全面大跃进。

以上所提到的各项工作，仅是原则性的意见，我们有决心在院、系党组织的领导下，做好本学期的工作，以“十分指标，十二分的措施，二十四分的干劲”的精神，争取人人政治挂帅，人人高举红旗，掀起大跃进的高潮，为实现更大、更好、更全面的跃进而奋斗。

联系实际贯彻落实好教学计划和教学大纲

在苏联专家帮助下制订了新的教学计划和教学大纲，这个教学计划和教学大纲的确比过去提高了很多，真正成为教学上一个新的指南，明确了方向和内容。但是怎样才能把它很好地贯彻，倒是值得研究的一个问题。以我个人的体会，就我们常常提到的联系厂矿、结合实际这一点来谈谈。我对联系厂矿、结合实际，一向是抱着等待和保守态度，譬如说，向厂矿搜集资料，总是依靠系领导去联系；吸取苏联教材，也是要靠领导向苏联去索取或定购。另外一个错误想法，就是认为建筑系设计组画画图，应从书本杂志中找教材，既不炼钢，也不造机器，到厂矿去能找到什么教材？而且到外边去，又要耽误时间，"影响"备课，"影响"教学。这就是过去我思想上存在的等待、保守的不正确思想。

在两月以前，我是被动地到了哈尔滨去参观一次。在临去的时候，思想上仅仅抱着一个试探的态度，到哈尔滨主要学习的目标就是，亚麻厂和哈工大。在平日就听说亚麻厂苏联专家设计的中国民族形式，有几根大红柱子，大家看法不同，我也怀疑。可是当亚麻厂出现在我眼前时，马上感觉到苏联建筑专家的思想性和艺术性非常的崇高，同时也反映了自己的落后。苏联专家们在设计这个厂子的时候，利用两三个月很短的时间，在东北几个大城市走了一遍，熟悉了中国建筑的情况，就能把中国建筑的特色，用很简单高超的手法，表现在亚麻厂的建筑物上，使我们看到既不感觉铺张浪费，而又有中国民族固有的风味，这一点给我的启发很大。在我们吵闹不休的民族形式问题上，苏联建筑专家竟以很短促的时间给我们打开了一条道路。当然，这样的道路还是很多的，这一点说明了苏联技术的优越性。

第二，给我的启发就是苏联建筑设计表现的阶级性，从厂房的布置外观和设备，就足够说明这样一个问题。资本主义国家把工厂造得像监牢一样，只顾他们的利润，根本谈不到工人的福利和健康，但是亚麻厂外形的处理，平面的布置，在美观适用方面，充分表现了社会主义新型工业化的一个生产场所；至于内部除尘的管道、滤尘器、空气调节室和自动防火水管等设备都计划得非常完善而周密，甚至连机器上，都设置固定除尘装置与安保装置，地面也采用与健康有益的菱苦土地面；至于机器，都是最先进的自动式的，也仅仅是苏联第二批的产品，就送到我们中国来了。由这些，足够说明社会主义国家，在生产建设方面，除了极力减轻体力劳动，另外在建筑设计方面，机器设计方面，处处都要照顾到工人的安全、健康和愉快。进一步也表明这是苏联对我们的建设的大力帮助的一个具体表现。第三，给我的启发，就是苏联专家们在计划一个生产建设时，特别着重调查研究，搜集资料，尽量与具体情况相结合，决不闭户造车。所以在亚麻厂的设计工作中，集合各项工种的专家有七、八位之多，他们不论在设计或安装，都取得密切联系，绝没有脱节的现象。在设计制图方面，也非常全面完整，就是托儿所一个小房子，除了应有的技术图以外，也要渲染一张立面图，这也证明他们对于培养下一代的重视。对于工作更是认真负责，在工程进行时，不分昼夜，风雨不误，耐心地和工人打成一片，保证很好地完成任务。以上是关于参观亚麻厂给我的启发，简单地谈这些。

在哈工大我参加过一次土建系毕业论文考试。以往由于大家对毕业论文看法不一致，在我思想上也就不够重视，总以为作毕业论文对学习来讲，是不实惠的，可是我参加了这一次的考试，证明我的想法是极端错误的。学建筑设计的学生，通过毕业论文的综合设计，可以熟悉了很多具体问题，也就是把学过的东西作一次总结；在总结上又提高一步。譬如他们论文的题目是上下水设计，在考试的人，就提问到水塔的底面是弧形，模型板将怎样撑法；水源是取自河流，问冬天水冻时，没有水怎样办，诸如此类的问题，都是很深入的。经过这一番的学习，认识到我们的建筑系，若不作毕业论文，就是教学未完成任务。

我在哈工大和苏联建筑专家浦立霍忌克请教过教学和建校方面的问题。回来之后在前几天，也和工业部建筑专家查沃斯基，研究过建校方面南湖总配图的问题。这两次接触可以说是我第一次直接和专家请教，在研究问题中，我感觉专家有三个共同点：第一点，他们都强调建筑设计应有整体观念，不但与个别建筑群要有联系，就是和城市也应当有密切联系，照顾整体的美观。这与资本主义国家建筑各自为政，又是决然不同。第二点，都反映了社会主义建筑是为了新的人，也就是走向社会主义的人而打算的，满足他们每个人的福利和要求，同时也反映了生活方面的团结互助精神。拿住宅来说吧，他们主张造集体住宅，在大家生活联系方面，是非常便利的，不像我们现在造的住宅，一个一个的分散，各不相扰，各有小天地。这种设计，基本还是封建思想的残余。第三点，就是社会主义建筑的特点，是适用、坚固、美观、经济互相结合的。他们要求美观，但也强调合乎经济原则，相反的强调经济计划，也不忽视美观，拿我们南湖总配置图来说，专家指出布置的显得散漫，在管道设置方面，要增加很多的投资。假设布置再紧凑一些，可能更增进美观，而且经济。我感觉到这种宝贵意见，我们接受得太慢了，使我们走了好多的弯路，费了时间，而效果不大。

总之，通过这一次短短的参观，和专家的接触，使我深深感觉到，我们受旧社会熏染出来这一套，搬到今天新的社会来，在思想方法上，根本就不对头，这在完成教学任务上，是一个绊脚石，必须把它丢得干干净净，从头学起，放开手不要在工学院这个小天地里兜圈子，要向外发展，抓紧时间向厂矿学习，密切结合实际，充实我们自己。所以就要端正我们的态度，明确我们的思想，我们可以这样说，我们有权向各级首长向全体同学保证，我们有信心把新的教学计划和教学大纲很好地贯彻和完成。

原载《东工生活》1953 年 1 月 25 日第 3 版

刘鸿典（1905 年 10 月～1995 年 8 月），辽宁宽甸人，中国第二代建筑师代表人物之一、著名建筑教育家、书法家。历任中国建筑学会理事、国家建委科学研究审查委员会委员、中国圆明园学会学术顾问、陕西省土木建筑学副理事长、省市建筑学会副理事长、辽宁省人民代表、西安市人民代表、市政协委员、省科协委员、陕西书法学会会员等职。于 1928 年考取东北大学建筑系，师承梁思成、童寯、陈植等建筑大师，是我国“建筑四杰”的直系传人。1936 年获实业部颁发的开业建筑师证书。1939 年至 1941 年先后在上海交通银行总行和浙江兴业银行总行任建筑师。1941 年至 1945 年在上海创办宗美建筑专科学校任校长。1947 年至 1949 年在上海同郭毓麟、张剑霄三人创建“鼎川营造工程司”执行建筑业务。1950 年任东北工学院（东北大学）建筑系二级教授、建筑设计教研室主任、系学术委员会主任和校学术委员会副主任委员。1956 年，随东北工学院建筑系并入西安建筑工程学院（后先后更名为西安冶金学院、西安冶金建筑学院、西安建筑科技大学），首任建筑系主任职务；期间主张建筑教育要面向社会主义经济建设，曾身体力行，率领师生积极参与社会实践和工程设计实践，积极参与陕西以及大西北的开发建设，锻炼了师资队伍，丰富了教学内容，端正了教育方向，为建立我校建筑教育的体系奠定了坚实基础。

对建筑理论基本问题的探讨[①]

回顾建国以来，自一九五五年在建筑上反对复古主义，批判宫殿式大屋顶，继而在一九五八年开始又掀起全国性的关于建筑理论的热烈讨论。从《建筑学报》陆续发表的约有三十多篇文章来看，所讨论的内容，正如学报编辑部所概括的那样："这些文章讨论涉及的问题很多，但比较集中于：① 什么是建筑风格；② 决定建筑风格的因素；③ 建筑内容与形式的关系；④ 传统与革新问题"[②]。根据这些问题讨论的情况来看，要澄清人们思想认识的分歧，首先必须承认所争论的问题，都是有关建筑艺术方面的问题。就建筑属性来说，这仅是建设属性的一部分，而不是全部。从建筑整体来看，根据我的生活和在建筑实践中的体验，可把建筑完整的属性也就是建筑的本质归纳为："按人们的意志，利用材料构成一定的空间，使人们能在其中安全与方便地生活和工作，而且可能赋予人们 以不同的美的感受"。如果这种认识是对的，再进一步分析，就可得出意志是有阶级性的，材料与构成是属于科学技术的问题，美感是属于人们艺术创作的问题。因而研究建筑理论的基本问题，要从这三方面进行分析和探索，我把它概括为建筑三性，即建筑的阶级性、建筑的科学性（包括技术）及建筑的创作性来作为建筑理论的基本问题。阶级性是创作的思想基础，科学性是创作的物质基础，创作是阶级性和科学性的反映，因而三者之间是有机的联系，而不是分割的，更不是孤立的。分述如下：

一、建筑的阶级性

我们研究问题要从客观真实情况出发，而不是从主观愿望出发，不仅要研究现状，而且要研究历史，"从其中引出其固有的，而不是臆造的规律性，即找出周围事变的内部联系，作为我们行动的向导。……在马克思列宁主义一般原理指导下，详细占有材料，从这些材料中引出正确的结论"[③]。回顾世界上建筑的发展，由新石器时期人们居住的茅舍开始，以至现代建筑，其中有豪华的宫殿、神庙，也有王公府第和地主庄园，在国外还有高耸百层的摩天大楼，但在另一方面，经过几千年仍存在着简陋的大量劳动人民住房，甚至还有阴暗的棚户，这些严重现象，用一般的建筑理论是无法解释的，必须从历史的发展，探索这种千差万别的根源，找出其中的基本问题。例如：从西安半坡村发掘的新石器时期的小村落来看，在原始氏族社会，人们居住的房屋，在规模和质量上来看并无多大差别。但是发展到奴隶主占有制社会，形成阶级分化，在建筑上为了强化奴隶主统治阶级的力

---

① 本文刊于《建筑师》1981 年第 8 期。

② 《建筑学报》1961 年第 6 期第 35 页。

③ 《毛泽东选集 • 第 3 卷 • 改造我们的学习》801 页。

量，奴隶们就被驱使为他们修建神化统治者的宫殿和陵墓。“从河南偃师二里头发掘我国奴隶社会商代的宫殿遗址，就出现了夯土的台基和高起的殿基，殿基周围有回廊，南面中央有大门，已经形成具有一定规模的一组廊院”。这种情况，在古埃及奴隶主的中央集权制度下，同样地驱使奴隶为皇帝、贵族建造了无数从物质上和精神上巩固统治权力的宫殿、府第和陵墓。迨到我国封建社会初期，拿秦朝来说，秦始皇统一六国后，广搜天下财富，大兴土木，在渭河南面修造了历史著名的阿房宫，其规模之大，建筑之豪华，的确是当时宏伟惊人的建筑群。但从另一方面来看，“秦始皇为修建阿房宫和始皇的陵墓，征发数十万农民，长期被奴役。修阿房宫用的名贵木材是取之于江南，堆积高大如山的始皇陵，石材取之于遥远北山。当时即有民谣说，运石甘泉口（淳化县附近），渭水为不流，千人歌，万人吼，运石堆积如山阜，可以想见工程的浩大和被强迫搬运那些笨重材料的劳动人民所受的痛苦”①。建筑作为社会的物质财富和精神财富，在阶级对抗的社会里，总是为统治剥削阶级所占有，并为他们的利益服务。历史证明，世界上各时代的统治阶级，如古希腊、罗马，以及意大利文艺复兴时期和我国历代皇朝都拥有一切质量最好、最美的建筑。例如宫殿、城堡、陵墓、神殿、教堂、庙宇、衙署、苑囿、别墅，以及豪华的府第等等，都是用来为他们腐朽生活服务，并且作为他们对劳动人民物质和精神统治的工具。“奴隶社会的奴隶、封建社会的农奴和贫雇农都是住矮小的茅舍和窝棚，资本主义社会则驱使劳动人民有的住到贫民窟里。……一直到资本主义后期，……增建了出租和卖给劳动人民的公寓和住宅一类的建筑。这只能看作对劳动人民一种剥削手段”②。以上这些严酷的事实，充分反映了在阶级社会里存在着严重的阶级矛盾，对我们研究建筑理论来说，在阶级社会里不研究在建筑上这种严重的阶级差别和矛盾，就难得出正确的、具有普遍意义的建筑理论。例如“古罗马建筑家维特鲁威（Vitruvius）提出的所谓‘建筑的适用、坚固、美观三要素’”来说吧，……维氏是当时的建筑理论家，也是实践家，他总结了古希腊、罗马的建筑经验，结合他本人的具体实践，总结出来的建筑理论——“建筑三要素”，对后来研究建筑理论影响很大。正如梁思成先生所说的：“从古以来。无数的建筑理论家就千千万万次重复地讲着建筑的‘三要素’，在人类历史遗产中我们的确也可以找到大量具备这‘三要素’的建筑物。……过去建筑理论家所讲的‘建筑’大多数谈的是为封建社会、资本主义社会的统治阶级和神权服务的宫殿、府第、衙署、教堂、庙宇，以及其他公共建筑。当然他们也注意经济的问题。但是从他们来看，经济只是业主的钱包问题。对资本家来说，经济就是利润问题而已”③。这就充分说明过去的所谓建筑理论“三要素”，既是总结为统治阶级和神权服务的那些奢华的宫殿、庙宇等建筑而来的，那么理论本身同样是为统治剥削阶级服务的，是带有明显的统治剥削阶级的阶级性。在我们今天的社会主义社会研究建筑理论，不深刻地分析、批判过去建筑理论“三要素”所带有的严重阶级性，就难以很好地理解我们党的适用、经济、在可能条件下注意美观方针的优越性和正确性。党的建筑

---

① 武伯纶著《西安历史述略》。

② 《建筑学报》1961 年第 12 期第 1～2 页。

③ 《建筑学报》1950 年第 6 期第 1 页。

方针本身就是按照辩证的方法，根据政治上的要求提出来的，它也具有阶级性，但它是为无产阶级利益服务的。从立场、观点、方法上来看，它和过去两千年来无数理论家所提倡的“三要素”是有本质的区别。因而我们可以体会到在剥削阶级统治的社会里，不仅建筑物本身贴上了阶级差别的标签，就是指导建筑创作的理论也同样具有为剥削阶级利益服务的阶级性。而我们社会主义社会也建筑富丽堂皇、规模宏大的人民大会堂，这是为我们党、政府和具有代表性的工农兵以及知识分子等为政治上集体活动的场所，我们也建筑了大量职工住宅群，是为了改善职工生活，不是牟取利润，它是为广大劳动人民利益服务的。因而我们理论、方针必然是为无产阶级利益服务的。这种本质的差别，就是建筑阶级性的具体表现。也是由于建筑具有社会物质和意识形态双重作用所决定的。明确指出这个问题，对我们来说就有了建筑创作的思想理论基础。

二、建筑的科学性

人类的社会是随着社会和科学、文化的发展而发展。建筑既作为社会物质而存在，则勿论在外国或现在的中国其所以发展这样快，与科学技术的发展是分不开的。回顾一二千年前，科学技术尚不发达的时代，劳动人民在建筑上所作的卓越贡献，主要是靠在长期生产实践中所积累的感性认识，来解决人们在生产中所遇到的问题。仅就我国的建筑和桥梁工程来说，人们早就会利用拱券的作用，修筑城门洞，北京的无梁殿、河北的安济桥，并用木材做出举架式对称斜坡屋顶，以利排泄雨雪，创造宫殿建筑的斗栱，支撑深长的挑檐，取得遮风雨的效果。这些建筑结构形式，表现了人们对物体平衡作用已具备了感性认识。在古希腊波赛顿庙出现的粗壮石头梁柱式回廊和罗马在公元前二世纪以后，大量推广券柱式的结构，在发展拱券技术的同时，又发现了天然混凝土技术，为最早的壳体结构创造了条件，这都是人们在感性认识中发展起来的结构形式。但缺乏科学计算，只能借加重材料的运用，以策安全。例如意大利文艺复兴时期修建的罗马圣彼得大教堂出现了这样的情况。该教堂是当时世界上最大的教堂，经过百年后才建成。起初由伯拉孟特设计，其主体平面是正方形，上部屋盖用大穹顶，鼓座有一圈柱廊。伯氏为了避免神秘，力求明朗，极大胆地把结构做得很轻。死后他的继承人首先想到的事就是把结构加大。延续几十年最后由泡达（Giacomo Porta）等人接着完成，为使这个直径达 41.9 米的穹顶可靠，他们在底部又加上了十几道铁链子[①]。这就充分说明当时还不能按科学计算，都是出于估计，宁肯加重材料的运用，以保安全。所以，处在科学还不发达的时代，人们的认识尚未由感性认识上升到理性认识，不懂得力学，不能作精确的计算，只好在结构上把材料用得粗大、密集，也就无法作出象现代这样开敞的大空间。这在古代国内外都存在着同样的情况。到了十七至十八世纪的欧洲，“科学得到突飞猛进的发展，人们对客观事物的认识已由感性上升到理论认识，对建筑的发展有了很大的影响，在力学上的进步使建筑工程技术有了

① 陈志华编《外国建筑史》第 147~148 页。

改进，大跨度屋顶和铁构件被用到建筑上，建筑物的结构也逐渐减轻了”[①]。到了十八世纪末、十九世纪初，在欧美“由于工业的革命，生产的发展，新建筑材料：铁、玻璃、水泥等等的应用越来越广泛，使史无前例的建筑物应运而生，矿场、工厂、仓库、车站、船埠、百货大楼、商品博览会场，这些建筑物代替了宫殿、教堂，而成为新的统治阶级最需要的东西，并进一步又进行了新的探索”[②]。但在我国由于长期封建统治，不重视科学研究事业，生产技术落后于欧美，反映在建筑上形制保守，木结构沿袭不变，特别在宫廷建筑形式沿袭一二千年基本没有多大改变。直到近百年派出大量留学生，学了新的科学技术，约在五十年前才出现了我国自己的老一辈的建筑师，他们利用新的科学技术为我国自己设计和建筑一些新型的建筑。更重要的是其中有些老前辈在国内大学首创了建筑系，开始培养了下一代的建筑师，有的进行了中国古建筑的研究工作，这为开展和继承古代建筑遗产的科研工作，创造了有利条件。但由于在旧社会剥削和腐朽的社会制度下，对发挥他们的才智仍受到局限。只有在新中国成立以来，社会主义制度为建筑事业的发展和建筑创作的繁荣开拓了无限广阔的前景。我们建筑了名闻世界具有新型民族风格的人民大会堂、毛主席纪念堂，也采用了先进建筑技术悬索或网架式钢结构的大跨度的体育馆和二三十层高的旅馆建筑等等。这说明在建筑设计、建筑结构和建筑设备，以及建筑施工各方面我们已掌握了世界上先进的科学技术，否则是办不到的。整个建筑发展史都证明了科学技术的进步，对形成新建筑和新建筑风格所发挥的巨大作用。同时也证明了建筑的科学性是建筑创作的物质基础。但现今世界科学技术日新月异，人类由地球上已发展到太空的时代，总的说来我们在科学技术和经济力量与先进的资本主义国家相比，还存在差距。我们必须响应党中央的号召，抓紧为实现“四个现代化”而努力。在建筑方面，在多、快、好、省的前提下，无疑要贯彻设计标准化、生产工厂化、施工机械化、管理科学化的要求，此外对建筑材料来说，供求很不适应。因此，必须采取科学态度，因时因地制宜，土洋结合，千方百计迎头赶上。

三、建筑的创作性

所谓创作的含意，据辞典解释：“文学、艺术作品出于己意，不是模仿者，称之为创作”。对建筑创作来说，既有属于人们意识形态艺术的一面，而更主要的又有社会物质功能的一面，因而建筑创作与其他艺术创作有本质的不同。它是创作者利用技巧和智慧经过建筑功能和艺术综合的构思进行创作受人们欣赏的美观形象，同时又受到科学、技术、物质功能等因素的影响和限制，不像其他艺术创作具有广阔的随意性。但在创作中并不排除人们的主观能动性，正如前面所提到的，在古代剥削阶级统治的社会中，建筑大师和能工巧匠们为了服务统治阶级的利益，自觉地或被迫地运用各自的技巧和智慧，创作出各种不同风格的一些豪华壮丽的宫殿、庙宇等闻名世界的建筑。但就建筑

① 陈志华编《外国建筑史》第239页（经过概括）。

② 陈志华编《外国建筑史》第312页。

空间上、建筑层数上、材料结构上、施工技术上来看，都表现出创作中不可克服的局限性。这种在建筑创作上的特点，处在科学技术不发达的时代，人们还可能认识不到，反而当着是必然的现象。例如古希腊、罗马柱式的比例和我国的《营造法式》等的定型化就是具体的表现。只有在近代科学技术得到空前的发展，在建筑上各种结构形式的创造，各种建筑材料的生产，各种施工技术的发展，以及建筑物理和设备的运用，都为建筑创作提供了广阔的天地，这就无怪乎近几十年来世界上出现的各种各样、形形色色的，使人眼花缭乱的建筑形式。问题是我们在建筑创作中抱着什么样的态度来对待这样的问题？我们的祖国是具有高度文化的古国，在建筑方面地上地下都存在着丰富的遗产，这是历代劳动人民创作智慧的结晶，我们不仅要珍惜它、保护它，还有一个古为今用、批判继承的问题，使我们社会主义的新兴建筑既具有民族遗风，又有别于其他资本主义国家各种流派的建筑，这是社会上对我们建筑工作者期待创作具有我国民族风格的新型建筑一个光荣而艰巨的任务。实践是检验真理的标准。回顾由二十年代末期开始，我国还处在半封建半殖民地的时期，有几位建筑老前辈基于民族自豪感，曾设计过几种不同类型建筑，有的在整体建筑上搬用了宫殿式琉璃瓦大屋顶，有的采用了三段式手法加琉璃瓦屋檐，有的在五个体部的当中主体上部加上带双重琉璃瓦屋顶的城门楼式小体部，也有的在挑檐下仿做类似栏板加蚂蚱头，这些建筑的创作者虽作了努力和尝试，但结果还不能尽如人意，有的 被说成是照抄古建筑，有的说是“穿西装戴瓜皮帽”，有的说“穿西装结中国纽扣”。这后者两种说法，主要是当时建筑科学技术早已发展到框架填充墙结构时代，我们在学习西方厚重的所谓“立体式”建筑体型组合的基础上，搬用中国古典建筑的几种构件或花饰来创作具有民族风格的新建筑，这既不能改变固有的“洋味”，也感到牵强，是不成功的。

在解放初期又走到另一个极端，竟出现大屋顶建筑风行一时，这种现象可以说不是广大建筑设计者的本意，主要是受苏联复古主义的影响和我们的个别老前辈的倡导。这又说明了这种做法既不适应现代科学技术发展的要求，也不符合广大劳动人民的阶级利益。继而又在 1958 年展开了建筑风格等问题的讨论，对人们的创作思想起了很大的促进作用，对古为今用，洋为中用，和去糟取精，创作新的民族风格又开始作新的尝试，也是我国建筑创作一个历史的转折点。例如为迎接建国十周年在 1958 年末开始设计天安门广场的人民大会堂和中国革命和中国历史博物馆。这两座伟大的建筑工程不论就其所在地位和建筑本身的功能使用上的要求，都须表现出党对人民政治生活与文化生活最大的关怀，而且要反映出我们这个时代繁荣的社会经济面貌，期望它能够表现中国人民叱咤风云的英雄气概和祖国数千年来灿烂文化艺术传统。在这样一项政治思想内容要求很高的艰巨创作任务中，对运用先进科学技术和现代材料，以及反映新时代的特征，创作者不受因袭传统的束缚，在多方案中最后排除了传统的大屋顶，能够在丰富多彩的遗产中，去糟取精，创造出更新更美的民族风格。建筑竣工后，在人民大会堂表现出创作的手法上，虽采用了简单的“琉璃作”屋檐和高大的大理石柱廊，但对柱头、额枋、花板、檐下等细部都作了创新的处理，给人以新颖瑰丽的感受；至于对面博物馆的处理手法更为洗练，在正面高大的柱廊上，除柱头用“琉璃作”装饰外，仅在两道额柱之间镶嵌了镂空装饰花板，获得了既丰富又玲珑的效果，在整体用料上也较人民大会堂朴实，使两座建筑主次分明。这两座创作的成功，我认为作者放弃过去的专从细部构件斗栱、雀替等搬用拼凑，而抓住传统建筑的开朗明快的特点，同时也就避免了框架填充墙厚重的缺欠。另外，还有新建的北京饭店大楼，在主体上按开间采用竖向挡板，中间逐层夹着板式栏杆，构成凹入阳台，在功能上可起遮阳和人们接触室外的作用，在艺术上也起了简洁、开朗、明快的效果；加上最高层取消阳台变为上下两层挑檐，也取得了古典双重屋顶中间收分的效果；再加上底层高窗间采用轻巧的双斜面壁柱与柱式门廊，使高层建筑很自然地构成古典的三段式的体部。而且就整体来看，它的外观是轻快明朗并带有民族风味，而又不同于外国的中国新型的高层饭店建筑。辩证唯物主义者总是承认事物是不断地运动，不断地发展的。我们肯定过去的成就，也不是说都是尽美尽善，纵令还有不足之处，那也是前进中不可避免的。没有过去的基础，也就难于获得新的进步与提高。就毛主席纪念堂来说，我认为这座建筑的创作又前进了一大步。在双重大理石台基上，四周用大理石柱廊围起的方形主体上，覆盖着大小两层厚重的垂直“琉璃作”屋檐。评论者认为正与天安门双重琉璃瓦屋顶相呼应，远看确似双重琉璃瓦屋顶。这样的创作成就可称之为贯彻传统与革新的要求，应思其意，不要套其形；追求神似，不是形似。换句话说，是一个要求其味，而不仿其形的最好的典型。

上述建筑地处天安门广场，属于特殊建筑，政治意义很强，是国家的重点工程，所以有理由要求具有浓厚的我国民族建筑风格。但这类建筑就全国来说也是极少数的建筑，那么对一般大量性的建筑又应如何对待呢？这就有必要让我们进一步来研究党的适用、经济、在可能条件下注意美观的建筑方针。我们对适用、经济、美观三者的关系也曾作过科学的分析，都承认它们是有机的、辩证的、统一的，而又有主次分明密切相互联系的关系，但对美观这一问题的认识，只停留在“在可能条件下注意”这个限制美观的条件上，并未深入或很少进行分析是什么样的美观。我们探讨了二十余年建筑创作的问题，还得不到比较一致的认识，其中存在的主要矛盾就出在这个问题上。美观本是抽象的名词，它概括了客观事物给人们一个总的印象和感受，对象不同，往往赋予人们以不同美的感受。比如，就我国有名的供游览的大山来说吧，人们都赞美“华山之险”“峨眉之秀”，这就是说同样是美观，一个美在惊险之中，一个美在秀丽之中。那么建筑之美是建筑创作者根据建筑功能和环境不同的要求，通过思想、艺术构思创造出来的，难道就没有庄严伟大，明快秀丽之分吗？实际是有的，不过没有把它作为建筑创作中解决矛盾的依据。如果是这样的话，就有必要把单体建筑所具有的各种不同的美观作一番分析的工作，我概略地暂且把它分为三类：① 富丽堂皇，庄严伟大；② 简洁明快，朴素大方；③ 恬静秀丽，具有诗情画意之美。

第一类是属于国家重点建筑，它不仅在功能上有较高的要求，而且正如前面所谈到的，还有政治上的要求，因而对建筑的美观就应反映出我国数千年来的光辉灿烂的文化传统，也就是具有强烈的民族风格。这类建筑除前面提到的四个建筑类型外，还有国家的图书馆、文化宫、国家剧院等类型的建筑。至于建筑在各省会等大城市这类建筑就要根据各省经济情况和所处的地位（如西安古城）区别对待，在规模上、材料利用上和创作手法上就要简化些、朴实些，不能向首都建筑看齐。例如在 1979 年 10 月建成的陕西临潼秦始皇陵的兵马俑博物馆，在 72 米宽、200 余米长的兵马坑上部做三铰拱钢屋架，上覆轻质屋面，在拱型体部的东端连接划分三段的附体，中间体部作为入口门厅稍高于两侧分别作为休息室和展览室的体部，各体部的平屋顶女儿墙上做绿琉璃瓦屋檐，外墙面均做水刷石，创作手法简练，用料朴实，就整体建筑形象来说，既符合这样的博物馆的功能，也表现了具有民族的风味。

第二类是属于大量性建筑，如办公楼、学校、医院、商店、旅馆、文化、娱乐以及住宅等建筑。这在实现四个现代化建筑中是大量的迫切需要的建筑，必须从多、快、好、省出发，按工业化生产的要求，吸取国外的先进科学技术，简洁明快，朴素大方地创作新型的建筑。对于民族风格的要求，一方面鼓励继续创作，另一方面也要根据具体结构情况，适当地考虑，使略带有民族风味也是好的。从我国多年来建筑实践中也出现很多这样的大量性建筑。例如利用一些简单预制的办法，采取各种形式的水泥漏花来做门罩、楼梯窗格、阳台栏板，也有的用来作局部墙面装饰等等。虽然就整体来说还够不上民族风格，但这种漏花除有它的功能作用外，总算多少有点民族装饰的特色，以有别于完全"西化"，我看也是可取的。不要由于各处采用的多了，就感到不新鲜，这也正是代表中国现代建筑的特点嘛！否则一花独放，怎能变得满园香呢？再如我国南方有的旅游宾馆和剧院在不事修饰的建筑主体与它相连接的低层房间，采用我国传统的庭园布置手法，形成封闭或半封闭的建筑空间，使人流停息多的房间面向庭院，其中布置绿化、山石、水面等形成恬静优美的环境，取得了浓厚的中国庭园风趣的良好效果。这也是创作民族风格别具一格的创作手法（实际这种手法与下面第三类相结合的），例如广州友谊剧院[①]和南京丁山宾馆[②]。此外还有广州白天鹅饭店总高 31 层，现虽在兴建之中，但根据学报的介绍，创作者对这一高层建筑设计，"采用高低层结合，主楼与底座构成整体性的体型，并点缀若干琉璃瓦屋面的小体量建筑（如琉璃组亭、长廊之类）。在体型组合上体现出一些民族传统气氛。"至于主楼的体型是由于具体使用和结构的限制，"构成一长腰鼓形的平面，体型简练而有变化"。建筑虽未竣工，但根据方案介绍在采用新的技术和结构条件下，室内外如何运用中国传统手法，使一座新体系高楼而又能饶有民族传统气氛，我们可刮目以待[③]。

第三类是属于小量的特殊建筑，如公园内小巧玲珑建筑和风景名胜的旅游点停息建筑之类。这类建筑除本身功能要求外，还须有点缀风景、美化环境的要求，与叠假山、造水面起同样的作用，因而在经济上也是可能的。一般来说要表现恬静玲珑，具有诗情画意。如果属于古迹名胜之处，最好是采取浓厚的民族风格。例如临潼的华清池和西安的兴庆公园就搬用了宫殿式建筑，而南宁的伊岭岩山麓的小型旅游休息站和桂林的风景点等建筑则采用了具有民族风格的新创作手法。由以上这样概略地分类进行分析，就足以说明我们对建筑创作要用两分法，不要笼统地谈民族形式或民族风格，这样总是搞不清的。对不同类型的建筑要有不同的要求，这样对建筑创作在思想上可能解放些，不致使人们左右为难，不利于"百花齐放"。

为了结束本文，我再重复几句，处在我们社会主义社会，一切问题都要从广大劳动人民阶级利

---

① 《建筑学报》1980 年第 3 期第 16 页。

② 《建筑学报》1978 年第 4 期第 13 页。

③ 《建筑学报》1980 年第 2 期第 10 页。

益出发，而当前最大的利益就是尽快地集中人力、物力、财力为实现四个现代化而努力奋斗。如果忽略这个大目标，那么就将长期落后于世界上科学技术先进的国家，那将要吃大亏。前面已谈过了，建筑是建设事业的基本问题，它是“先行官”。我们必须吸取世界上先进科学技术，多、快、好、省地来建筑大量的、迫切需要的建筑。就八十年代的近期来讲，特别需要建筑大量的住宅，还有中、小学校建筑，也可能包括一定数量的旅游建筑。出路就是利用工业化生产。近年来已在许多城市进行试点，吸取经验逐渐推广。至于砖混预制板结构在预见的将来，还必须采用，但究竟非长远之计。在推广预制装配构件的条件下，对大量性的建筑（也就是上面提到的第二类建筑），创作带有浓厚的民族风格恐怕是不易解决的问题。因此，正如上面所说的应采取两分法，对各类建筑的创作必须区别对待。毛主席提出的“古为今用，洋为中用，去糟取精”的教导，我理解所谓糟与精是辩证的，不是绝对的，合者就是精，其不合者就是糟，主要在于是否符合现在的需要。因此，在继承传统与革新的问题上，不宜笼统地要求一概创造出具有浓厚的民族风格。否则只能使人们在工作中处于矛盾和两难的被动地位，这对发挥人们创作的积极性是不利的。“实践是检验真理唯一的标准”，在实践中失去指导意义的理论，也就不会有生命力的。让我们坚决在党的领导下，正确地贯彻党的方针政策，坚决走群众路线，刻苦钻研，解放思想，独立思考，大胆创作，密切地结合实际，真实地反映生活，为实现现代化的，生动、活泼、富有生命力的新型民族风格，进行创造性的劳动吧！

清华贺信

清华大学建筑系党、政同志们：

你系自创办以来，在你们辛勤地教育下，为国家培养了一大批高质量专业人才，他们对国家的经济建设和教学、科研等各方面，都做出了卓越的贡献。今当为你们举办纪念建筑系四十周年之际，我以诚恳的心情，向你们致以热烈的祝贺！

同时，对纪念你系的创始人——我的严师梁思成老前辈诞辰八十五周年之日，我以深切怀念的心情，表示崇高的敬意！

回忆在三十年初，梁老留美归国后，首先创办了东北大学建筑系，继而创办了中国营造学社，解放后又创办了清华建筑系。他的一生除热心从事建筑教育事业外，又专心致志地研究中国古代建筑，这对继承和发扬民族建筑遗产，立下了不朽的功劳。他的学术成就蜚声国内外，为国家、为人民争得了光彩。他敏于接受新事物，在文字改革初期，他首先用汉字拼音发表了一篇文章，以示等技能为汉字注音，也为推广普通话创造条件，在政治上热爱社会主义，热爱中国共产党，因而，在五十年代就被接纳为共产党员。总之，他不论在治学上或政治上，都为我辈树立了楷模。我作为他的一名年老的门生，在为纪念他诞辰八十五周年之日，谨供留言以表追念之忱；并对其家属致以亲切慰问。

西安冶金建筑学院　刘鸿典

1984年10月14日

诗词格律

我不谙诗词，对汉字四声尚且辨不清，引为憾事。且由于不懂旧诗词，对学习毛主席的诗词，往往不能拘泥地理解他的伟大和深远的意义。至于其潇洒、豪迈、隽永、奥秘之处更不能很好地领会。今借编写的诗词格律小册子，觉得简明易懂可以为入门的捷径。放摘要而录之，以便学其方法。但其举则多为唐代旧诗。其内容和主动观点，必然存在某些问题。因而，在翻阅时，在思想上要打上防疫针，加强免疫力。学习思维的分化，也要批判其消极服务的内容，学院的古为今用的原则。

第一章　关于诗词格律的一些概念

第一节　韵

诗词中所谓韵，大致等于汉语拼音中所谓韵母。大家知道，一个汉字用拼音字母拼起来，一般都有声母，有韵母。例如“公”字拼成 gōng，其中 g 是声母，ōng 是韵母。声母总是在前面的，韵母总是在后面的。我们再看“东”（dōng），“同”（tóng），“隆”（lóng），“宗”（zōng），“聪”（cōng）等，它们的韵母都是 ong，所以它们是同韵字。

凡是同韵的字都可以押韵。所谓押韵，就是把同韵的两个或更多的字放在同一位置上。一般总是把韵放在句尾，所以又叫“韵脚”。

试看下面的一个例子：

书湖阴先生壁

［宋］王安石

茅檐常扫净无苔（t ái），
花木成畦手自栽（z āi）。
一水护田将绿绕，
两山排闼送青来（l ái）。

依照诗律，像这样的四句诗，第三句是不押韵的。

在拼音中，a、e、o 的前面可能还有 i、u、ü，如 ia，ua，uai，iao，ian，uan，üan，iang，uang，ie，üe，iong，ueng 等，这种 i、u、ü 叫作韵头，不同韵头的字也算是同韵字，也可以押韵。例如：

四时田园杂兴

［宋］范成大

昼出耘田夜绩麻（má），村庄儿女各当家（jiā）。

童孙未解供耕织，也傍桑阴学种瓜（guā）。

“麻”、“家”、“瓜”的韵母虽不完全相同，但它们是同韵字，押起韵来是同样谐和的。

第二节　四声

四声，这拿普通话的声调来说，共有四个声调：阴平声是一个高平调（不升不降叫平）；阳平声是一个中升调（不高不低叫中）；上声是一个低升调（有时是低平调）；去声是一个高降调。古代的四声是：

（1）平声。这个声调到后代分化为阴平和阳平。

（2）上声。这个声调到后代有一部分变为去声。

（3）去声。这个声调到后代仍是去声。

（4）入声。这个声调是一个短促的调子。就普通话来说，入声字变为去声的最多。其次是阳平；变为上声的最少。依照传统的说法。平声应该是一个中平调，上声应该是一个升调，去声应该是一个降调，入声应该是一个短调。《康熙字典》前面载有一首歌诀，名为《分四声法》：平声平道莫低昂，上声高呼猛烈强，去声分明哀远道，入声短促急收藏。

第三节　平仄

诗人们把四声分为平仄两大类，平就是平声，仄就是上去入三声。仄，按字义解释，就是不平的意思。

平仄在诗词中的交错可以概括为两句话：

（1）平仄在本句中是交替的；

（2）平仄在对句中是对立的。

例如毛主席《长征》诗的第五、六两句：

金沙水拍云崖暖，大渡桥横铁索寒。

这两句诗的平仄是：

平平｜仄仄｜平平｜仄，仄仄｜平平｜仄仄｜平。

我这个例子就可以看出两句 ×× 交替和对应的关系。

第四节　对仗

诗词中的对偶，叫作对仗。古代的仪仗队是两两相对的，这是“对仗”这个术语的来历。对偶又是什么呢？对偶就是把同类的概念或对立的概念并列起来，例如“抗美援朝”，“抗美”与“援朝”形成对偶。对偶可以句中自对，又可以两句相对。例如“抗美援朝”是句中自对，“抗美援朝，保家卫国”是两句相对。一般讲对偶，指的是两句相对。上句叫出句，下句叫对句。律诗中的对仗还有它规则：

（1）出句和对句的平仄是相对立的；

（2）出句的字和对句的字不能重复。

对联（对子）是从律诗演化出来的，所以也要适合上述的两个标准。例如毛主席在《改造我们的学习》中，所举的一副对子：墙上芦苇，头重脚轻根底浅；山间竹笋，嘴尖皮厚腹中空。

这里上联（出句）的字和下联（对句）的字不相重复，而它们的平仄则是相对立的：仄仄平平，仄仄平平平仄仄；平平仄仄，平平仄仄仄平平。

第二章　诗　　律

第一节　诗的种类

从格律上看，诗可分为古体诗和近体诗。古体诗又称古诗或古风；近体诗又称今体诗。从字数上看，有四言诗，五言诗，七言诗 ，唐代以后，四言诗很少见了，所以一般诗集只分为五言、七言两类。

古体诗有一点是一致的，那就是不受近体诗的格律的束缚。我们可以说，凡不受近体格律的束缚的，都是古体诗。

近体诗以律诗为代表，律诗的韵、平仄、对仗，都有许多讲究。由于格律很严，所以称为律诗，有以下四个特点：

1）每首限定八句，五律共四十字，七律共五十六字；

2）押平声韵；

3）每句的平仄都有规定；

4）每篇必须有对仗，对仗的位置也有规定。

有一种超过八句的律诗，称为长律。长律自然也是近体诗。

绝句比律诗的字数少一半。五言绝句只有二十字，七言绝句只有二十八字。绝句实际上可以分为古绝、律绝两类。

古绝可以用仄韵。即使是押平声韵的，也不受近体诗平仄规则的束缚。这可以归入古体诗一类。

律绝不但押平声韵，而且依照近体诗的平仄规则。在形式上它们就等于半首律诗，这可以归入近体诗。五言律诗简称五律，七言律诗简称七律；五言绝句简称五绝，七言绝句简称七绝。

第二节　律诗的韵

诗韵共 106 个韵：平声 30 韵，上声 29 韵，去声 30 韵，入声 17 韵。律诗一般只用平声韵。在韵书里，平声分为上平声、下平声。

上平声 15 韵：

一东、二冬、三江、四支、五微、六鱼、七虞、八齐、九佳、十灰、十一真、十二文、十三元、十四寒、十五删。

下平声 15 韵：

一先、二萧、三肴、四豪、五歌、六麻、七阳、八庚、九青、十蒸、十一尤、十二侵、十三覃、十四盐、十五咸。

韵有宽有窄：字数多的叫宽韵，字数少的叫窄韵。宽韵如支韵、真韵、先韵、阳韵、庚韵、尤韵等，窄韵如江韵、佳韵、肴韵、覃韵、盐韵、咸韵等。窄韵的律诗是比较少见的。

有些韵，如微韵、删韵、侵韵，字数虽不多，但是比较合用，诗人们也很喜欢它们。举几首诗为例：

送魏大将军（一东）

［唐］陈子昂

匈奴犹未灭，魏绛复从戎。
怅别三河道，言追六郡雄。
雁山横代北，狐塞接云中。
勿使燕然上，惟留汉将功。

喜见外弟又言别（二冬）

李益

十年离乱后，长大一相逢。
问姓惊初见，称名忆旧容。
别来沧海事，语罢暮天钟。
明日巴陵道，秋山又几重？

筹笔驿（六鱼）

［唐］李商隐

猿鸟犹疑畏简书，风云常为护储胥。
徒令上将挥神笔，终见降王走传车。
管乐有才元不忝，关张无命欲何如？
他年锦里经祠庙，梁父吟成恨有余。

终南山（七虞）

［唐］王维

太乙近天都，连山到海隅。
白云回望合，青霭入看无。

分野中峯变，阴晴众壑殊。
欲投人外宿，隔水问樵夫。

钱塘湖春行（八齐）
［唐］白居易
孤山寺北贾亭西，水面初平云脚低。
几处早莺争暖树，谁家新燕啄春泥。
乱花渐欲迷人眼，浅草才能没马蹄。
最爱湖东行不足，绿杨阴里白沙堤。

月夜忆舍弟（八庚）
［唐］杜甫
戍鼓断人行，秋边一雁声。
露从今夜白，月是故乡明。
有弟皆分散，无家问死生。
寄书长不达，况乃未休兵。

送赵都督赴代州（九青）
王维
天官动将星，汉上柳条青。
万里鸣刁斗，三军出井陉。
忘身辞凤阙，报国取龙庭。
岂学书生辈，窗间老一经。

咏煤炭（十二侵）
凿开混沌得乌金，蓄藏阳和意最深。
爝火燃回春浩浩，洪炉照破夜沉沉。
鼎彝元赖生成力，铁石犹存死后心。
但愿苍生俱饱暖，不辞辛苦出山林。

五体第一句，多数是押韵的，七体的第一句是押韵的。由于第一句押韵是否是自由的，所以第一句的韵脚也可以不太合格，用邻近的韵也可。例如：

清明
杜牧
清明时节雨纷纷，路上行人欲断魂。
借问酒家何处有，牧童遥指杏花村。

这首诗是押韵十三文韵，但第一句的韵脚“纷”，是属于十三文的韵。

第三节　律诗的平仄

（一）五律的平仄

五律的平仄，只有四个类型，由这四个类型可以构成两联。即：

仄仄平平仄，平平仄仄平，
平平平仄仄，仄仄仄平平。

由这两联的错综复杂，可以构成五律的四种平仄格式。其实只有两种基本格式。其他两种不过是在基本格式的基础上稍微复杂化罢了。

（1）仄起式

(仄)仄平平仄，平平仄仄平。
(平)平平仄仄，(仄)仄仄平平。
(仄)仄平平仄，平平仄仄平。
(平)平平仄仄，(仄)仄仄平平。

注：字外的圈表示可平可仄，以下字下的小圆点的都是入声字。

春望

杜甫

国破山河在，城春草木深。
感时花溅泪，恨别鸟惊心。
烽火连三月，家书抵万金。
白头搔更短，浑欲不胜簪。（统一读 zèn）

另一式，首句改为仄仄平平，其余不变（杜甫《月夜忆舍弟》）。

（2）平起式

(平)平平仄仄，(仄)仄仄平平。
(仄)仄平平仄，平平仄仄平。
(平)平平仄仄，(仄)仄仄平平。
(仄)仄平平仄，平平仄仄平。

山居秋暝

王维

空山新雨后，天气晚来秋。

明月松间照，清泉石上流。
竹喧归浣女，莲动下渔舟。
随意春芳歇，王孙自可留。

另一式，前句改为平平仄仄平，其余不变（这一格式比较少见）。

（二）七律的平仄

七律是在五字句上加一个两字的头。仄上加平，平上加仄。七律的平仄也只有四个类型，这四个类型也可以构成两联，即：

平平仄仄平平仄，仄仄平平仄仄平。
仄仄平平平仄仄，平平仄仄仄平平。

由这两联的平仄错综变化，可以构成七律的四种平仄格式。其实也只有两种的基本格式，其余两种不过在基本格式的基础上稍加变化罢了。

（1）仄起式

(仄)仄平平仄仄平，(平)平(仄)仄仄平平。
(平)平(仄)仄平平仄，(仄)仄平平仄仄平。
(仄)仄(平)平平仄仄，(平)平(仄)仄仄平平。
(平)平(仄)仄平平仄，(仄)仄平平仄仄平。

书愤

［宋］陆游

早岁那知世事艰，中原北望气如山。
楼船夜雪瓜洲渡，铁马秋风大散关。
塞上长城空自许，镜中衰鬓已先斑。
出师一表真名世，千载谁堪伯仲间！

另一式，第一句改为仄仄平平平仄仄，其余不变。

（2）平起式

(平)平(仄)仄仄平平，(仄)仄平平仄仄平。
(仄)仄(平)平平仄仄，(平)平(仄)仄仄平平。
(平)平(仄)仄平平仄，(仄)仄平平仄仄平。
(仄)仄(平)平平仄仄，(平)平(仄)仄仄平平。

长征

毛泽东

红军不怕远征难，万水千山只等闲。
五岭逶迤腾细浪，乌蒙磅礴走泥丸。
金沙水拍云崖暖，大渡桥横铁索寒。
更喜岷山千里雪，三军过后尽开颜。

另一式，第一句改为㊣平㊀仄㊣平仄，其余不变。

（三）粘对

律诗的平仄有“粘对”的规则。对，就是平对仄，仄对平。也就是上文所说的：在对句中，平仄是对立的。五律的“对”，只有两副对联的形式，即：

（1）仄仄平平仄，平平仄仄平。
（2）平平平仄仄，仄仄仄平平。

七律的“对”，也只有两副对联的形式，即：

（1）平平仄仄平平仄，仄仄平平仄仄平。
（2）仄仄平平平仄仄，平平仄仄仄平平。

如果首句用韵，则首联的平仄就不是完全对立的。由于韵脚的限制，也只能这样办。这样，五律的首联成为：

（1）仄仄仄平平，平平仄仄平。或者是：
（2）平平仄仄平，仄仄仄平平。

七律的首联成为：

（1）平平仄仄仄平平，仄仄平平仄仄平。或者是：
（2）仄仄平平仄仄平，平平仄仄仄平平。

粘，就是平粘平，仄粘仄；后联出句第二字的平仄要跟前联对句第二字相一致。具体说来，要使第三句跟第二句相粘，第五句跟第四句相粘，第七句跟第六句相粘。

粘对的作用，是使声调多样化。如果不“对”，上下两句的平仄就雷同了；如果不“粘”，前后两联的平仄又雷同了。

明白了粘对的道理，可以帮助我们背诵平仄要诀。只要知道了第一句的平仄，全篇的平仄都能背诵出来。

明白了粘对的道理，可以帮助我们了解长律的平仄。不管长律有多长，也不过是依照粘对的规则来安排平仄。

违反了粘的规则，叫作失粘；违反了对的规则，叫作失对。到了后代，失粘的情形非常罕见。至于失对，就更是诗人们所留心避免的了。

（四）孤平的避忌

孤平是律诗（包括长律、律绝）的大忌，所以诗人们在写律诗的时候，注意避免孤平。在词曲中用到同类句子的时候，也注意避免孤平。

在五言“平平仄仄平”这个句型中，第一字必须用平声；如果用了仄声字，就是犯了孤平。因为除了韵脚之外，只剩一个平声字了。七言是五言的扩展，所以在“仄仄平平仄仄平”这个句型中，第三字如果用了仄声，也叫犯孤平（犯孤平是指格律诗的一个句子中，全句除韵脚外，只有一个平声字。）

（五）特定的一种平仄格式

在五言“平平平仄仄”这个句型中，可以使用另一个格式，就是“平平仄平仄”；七言是五言的扩展，所以在七言“仄仄平平平仄仄”这个句型中，也可以使用另一个格式，就是“仄仄平平仄平仄”。这种格式的特点是：五言第三四两字的平仄互换位置，七言第五六两字的平仄互换位置。注意：在这种情况下，五言第一字、七言第三字必须用平声，不再是可平可仄的了。

这种格式在唐宋的律诗中是很常见的，它和常规的诗句一样常见。例如：

渡荆门送别

李白

渡远荆门外，来从楚国游。
山随平野尽，江入大荒流。
月下飞天镜，云生结海楼。

仍怜故乡水，万里送行舟。

山中寡妇

［唐］杜荀鹤

夫因兵死守蓬茅，麻苎衣衫鬓发焦。
桑柘废来犹纳税，田园荒尽尚征苗。
时挑野菜和根煮，旋斫生柴带叶烧。
任是深山更深处，也应无计避征徭！

（六）拗救

凡平仄不依常格的句子，叫作拗句。律诗中如果多用拗句，就变了古风式的律诗。上文所叙述的那种特定格式（五言“平平仄平仄”，七言“仄仄平平仄平仄”）也可以认为拗句之一种，但是，它被常用到那样的程度，自然就跟一般拗句不同了。现在再谈几种拗句：它在律诗中也是相当常见的，但是前面一字用“拗”，后面还必须用“救”。所谓“救”，就是补偿。一般说来，前面该用平声的地方用了仄声，后面必须（或经常）在适当的位置上补偿一个平声。下面的三种情况是比较常见的。

（1）在该用“平平仄仄平”的地方，第一字用了仄声，第三字补偿一个平声，以免犯孤平。这样就变成了“仄平平仄平”。七言则是由“仄仄平平仄仄平”换成“仄仄仄平平仄平”。这是本句自救。

（2）在该用“仄仄平平仄”的地方，第四字用了仄声（或三四两字都用了仄声），就在对句的第三字改用平声来补偿。这样就成为“㊀仄㊁仄仄，㊁平平仄平”。

七言则成为“㊁平㊀仄㊁仄仄，㊀仄㊁平平仄平”。这是对句相救。

（3）在该用“仄仄平平仄”的地方，第四字没有用仄声，只是第三字用了仄声。七言则是第五字用了仄声。这是半拗，可救可不救，和（1）（2）的严格性稍有不同。

诗人们在运用（1）的同时，常常在出句用（2）或（3）。这样既构成本句自救，又构成对句相救。现在试举出几个例子，并加以说明：

宿五松山下荀媪家

李白

我宿五松下，寂寥无所欢。
田家秋作苦，邻女夜舂寒。
跪进雕胡饭，月光明素盘。
令人惭漂母，三谢不能餐。

第一句“五”字、第二句“寂”字都是该平而用仄，“无”字平声，既救第二句的第一字，也救第一句的第三字。第六句是孤平拗救，和第二句同一类型，但它只是本句自救，跟第五句无拗救关系。

天末怀李白

杜甫

凉风起天末，君子意如何？
鸿雁几时到？江湖秋水多。
文章憎命达，魑魅喜人过。
应共冤魂语，投诗赠汨罗！

第一句是特定的平仄格式，用“平平仄平仄”代替“㊁平平仄仄”。第三句“几”字仄声拗，第四句“秋”字平声救。这是（3）类。

赋得古原草送别

白居易

离离原上草，一岁一枯荣。

野火烧不尽，春风吹又生。

远芳侵古道，晴翠接荒城。

又送王孙去，萋萋满别情。

第三句“不”字仄声拗，第四句“吹”字平声救。这是（2）类。

新城道中

［宋］苏轼

东风知我欲山行，吹断檐间积雨声。

岭上晴云披絮帽，树头初日挂铜钲。

野桃含笑竹篱短，溪柳自摇沙水清。

西崦人家应最乐，煮葵烧笋饷春耕。

第五句“竹”字拗，第六句“自”字拗，“沙”字既救本句的“自”字，又救出句的“竹”字。这是（1）（3）两类的结合。

夜泊水村

陆游

腰间羽箭久凋零，太息燕然未勒铭。

老子犹堪绝大漠，诸君何至泣新亭？

一身报国有万死，双鬓向人无再青。

记取江湖泊船处，卧闻新雁落寒汀。

第五句“有万”二字都拗，第六句“向”字拗，“无”字既是本句自救，又是对句相救。这是（1）（2）两类的结合。

由此看来，律诗一般总是合律的。有些律诗看来好像不合律，其实是用了拗救，仍旧合体。这种拗救的做法，以唐诗为较常见。宋代以后，讲究音律的诗又如苏轼、陆游等仍旧精于此道。我们今天当然不必模仿。但是，知道了拗救的道理，对于唐宋律诗的了解，是有帮助的。

（七）所谓“一三五不论”

关于律诗的平仄，相传有这样一个口诀：“一三五不论，二四六分明。”这是指七律（包括七律）来说的。意思是说第一、第三、第五字平仄可以不拘，第二、第四、第六字的平仄必须分明。至于第七字呢，自然也是要求分明的。如果就五言律诗来说，那就应该是“一三不论，二四分明。”

这个口诀对于初学律诗的人是有用的，因为它是简单明了的。但是，它分析问题是不全面的，所以容易引起误解，这个影响很大。

先说“一三五不论”，这句话是不全面的。在五言“平平仄仄平”这5格式中，第一字不能不论，在七言“仄仄平平仄仄平”这个格式中，第三字不能不论，否则就要犯孤平。在五言“平平仄平仄”这个特定格式中，第一字也不能不论；同理，在七言“仄仄平平仄平仄”这5特定格式中，第三字也不能不论。至于五言第三字，七言第五字，在一般情况下，更是以“论”为原则了。

总之，七言仄脚的句子可以有三个字不论，平脚的句子只能有两个字不论。五言仄脚的句子可以有两个字不论，平脚的句子只能有一个字不论。

再说“二四六分明”这句话也是不全面的。五言第二字“分明”是对的，七言第二四两字“分明”是对的，至于五言第四字，七言第六字，就一定“分明”。依特定格式“平平仄平仄”来看，第四字并不一定“分明”；又依“仄仄平平仄平仄”来看，第六字并不一定“分明”。又如“仄仄平平仄”这5格式也可以换成“仄仄平仄仄”，六项专对句第三字补偿一个平声就是了。七言由此类推。“二四六分明”的话也不是完全正确的。

第四节　律诗的对仗

（一）对仗的种类

词的分类是对仗的基础。依照律诗的对仗概括情况，词大约可以分为下列的九类：

① 名词；② 形容词；③ 数词（数目字）；④ 颜色词；⑤ 方位词；⑥ 动词；⑦ 副词；⑧ 虚词；⑨ 代词（代词“之”“其”归入虚词）。

同类词相为对仗。我们应特别注意四点：（a）数目自成一类，“孤”“半”等字，也算是数目。（b）颜色自成一类。（c）方位自成一类，主要是“东”“南”“西”“北”等字。这三类词很少跟副的词相对。（d）不及物动词常常跟形容词相对。

连绵字只能跟连绵字相对。连绵字当中又再分为名词连绵字（鸳鸯、鹦鹉等）、形容词连绵字（逶迤、磅礴等）、动词连绵字（踌躇、踊跃等）。不同词性的连绵字一般还是可能相对。

专名只能专名相对，最好是人名对人名，地名对地名。

名词还可以细分为以下的一些小类：

① 天文；② 时令；③ 地理；④ 宫室；⑤ 服饰；⑥ 照相；⑦ 植物；⑧ 动物；⑨ 人伦；⑩ 人事；⑪ 形体。

（二）对仗的常规——中两联对仗

为了说明的便利，古人把律诗的第一二两句叫首联，第三四两句叫作颔联，第五六句叫作头联，第七八句叫作尾联。

对仗一般在颔联和头联，即第三四句和第五六句。现在试举几个典型例子：

春日忆李白

杜甫

白也诗无敌，飘然思不群。

清新庾开府，优逸鲍参军。

渭北春天树，江东日暮云。
何时一樽酒，重与细论文。

［开府对参军，是官名对官名；渭对江（长江）是水名对水名。］

观猎

王维

风劲角弓鸣，将军猎渭城。
草枯鹰眼疾，雪尽马蹄轻。
忽过新丰市，还归细柳营。
回看射雕处，千里暮云平。

（新丰对细柳是地名对地名。）

鹦鹉

白居易

陇西鹦鹉到江东，养得经年嘴渐红。
常恐思归先剪翅，每因喂食暂开笼。
人怜巧语情虽重，鸟忆高飞忘不同。
应似朱门歌舞妓，深藏牢闭后房中。

（三）首联对仗

首联的对仗是可用可不用的。首联用了对仗，并不因此减少中两联的对仗。凡是首联用对仗的律诗，实际上常常是用了总共三联的对仗。

五律首联用对仗的较多，七律首联用对仗的较少。主要原因是五律首句不入韵的较多，七律首句不入韵的较少。但是，这个原因不是绝对的；在首句入韵的情况下，首联用对仗还是可能的。例如：

春夜别友人

陈子昂

银烛吐青烟，金樽对绮筵。
离堂思琴瑟，别路绕山川。
明月隐高树，长河没晓天。
悠悠洛阳去，此会在何年？

首联对仗，首句入韵；“离堂”句连用四个平声，是特殊的拗句；“悠悠”是普通的拗句，是在第七句。

（四）尾联对仗

尾联一般是不用对仗的。到了尾联，一首诗要结束了，对仗是不大适于作结束语的，除有少数例外。

闻官军收河南河北

杜甫

剑外忽传收蓟北，初闻涕泪满衣裳。

却看妻子愁何在？漫卷诗书喜欲狂！

白日放歌须纵酒，青春作伴好还乡。

即从巴峡穿巫峡，便下襄阳向洛阳。

这诗最后两句是一气呵成的，是一种流水对，还是和一般对仗不大相同的。

（五）少于两联的对仗

律诗固然的中两联对仗的原则，但是在特殊情况下，对仗可以少于两联。这样，就只剩下一联对仗了。

这种单联对仗，比较常见的是用于头联。例如：

塞下曲

李白

五月天山雪，无花只有寒。

笛中闻折柳，春色未曾看。

晓战随金鼓，宵眠抱玉鞍。

愿将腰下剑，直为斩楼兰。

（六）长律的对仗

长律的对仗和律诗同，只有尾联不用对仗，首联可用可不用，其余各联一律用对仗。

（七）对仗的讲究

（1）工对

凡同类的词相对，叫作工对。名词既然为若干小类，同一小类的词要上对，更是工对。有些名词变不同小类，但是在语言中经常碰到，如天地、诗酒、苑鸟等，也算工对。反义词也算工对。例如李白《塞下曲》的“戳战随金鼓，宵眠抱玉鞍”，就是工对。

句中自对而又两句相对，算是工对。像杜甫诗中的“国破山河在，春城草木深”，山与河是地理，草与木是植物，对得已经工整了，于是地理对植物也算工整了。

在一个对联中，只要多数对得工整，就是工对。例如毛主席《送瘟神》：

“红雨随心翻作浪，青山着意化为桥。
天连五岭银锄落，地动三河铁臂摇。”

红对青，着意对随心，翻作对化为，天连对地动，五岭对三河，银对铁，落对摇，都非常工整；而雨对山，浪对桥，锄对臂，名词对名词，也还是工整的。

想过这个限度，那不是工整，而是纤巧。一般地说，宋诗的对仗的唐诗纤巧；但是，宋诗的艺术水平反而比较低。

同义词相对，做工而实拙。《文心雕龙》说：“反对为优，正对为劣。”同义词比一般还对更劣。像杜甫《客至》：“花径不曾缘客扫，蓬门今始为君开。”“缘”与“为”就是同义词。因为它们是虚词（介词），不是实词，所以不算缺点。再说，在一首诗中，偶然用一对同义词也不要紧，多用就不妥当了。出句与对句完全用义（或基本上同义），叫作“合掌”，更是诗家的大忌。

（2）宽对

形式服从于内容，诗人不应该为了追求而损害了思想内容。同一诗人，在这一首诗中用工对，在另一首诗用宽对，那完全是看具体情况来决定的。

宽对和工对之间有邻对，即邻近的事类相对。例如天文对时令，地理对宫室，颜色对方位，同义词对连绵字，等等。王维《使至塞上》：“征蓬出寒塞，归雁入胡天”，以“天”对“塞”是天文对地理；陈子昂《春夜别友人》：“离堂思琴瑟，别路绕山川”，“路”对“堂”是地理到宫室。这类情况是很多的。

稍为更宽一点，就是名词对名词，动词对动词，形容词对形容词等，这是最普通的情况。

又更宽一点，即就是半对半不对了。首联的对仗本来可用可不用，所以首联半对半不对自然是可以。陈子昂的“匈奴犹未灭，魏绛复从戎”，李白的“渡远荆门外，亲从楚国游”就是这种情况。如果首句入韵，半对半不对的情况就更多一些。颔联的对仗本来就像头联那样严格，所以半对半不对也是比较常见的。杜甫的“遥怜小儿女，未解忆长安”就是这种情况。现在再举毛主席的诗为证：

赠和柳亚子先生

毛泽东

饮茶粤海未能忘，索句渝州叶正黄。
三十一年还旧国，落花时节读华章。
牢骚太盛防肠断，风物长宜放眼量。
莫道昆明池水浅，观鱼胜过富春江。

（3）借对

一个词有两个意义，诗人在诗中用的是甲义，但是同时借用它的乙义来与另一词相为对仗，这叫借对。例如杜甫《巫峡敝庐奉赠侍御四舅》“行李淹吾舅，诛茅问老翁”，行李的“李”并不是桃李的“李”，但是诗人借用桃李的“李”的意义来与“茅”字作对仗。又如杜甫《曲江》“酒债寻常行处有，人生七十古来稀”，古代八尺为寻，两寻为常，所以借来对数目字“七十”。

有时候，不是借意义，而是借声音。借音多见于颜色，如借“篮”为“蓝”，借“皇”为“黄”，借“沧”为“苍”，借“珠”为“朱”，借“清”为“青”等。杜甫《恨别》：

“思家步月清宵去，忆弟看云白日眠”，以“清”对“白”。

又《赴青城县出成都寄陶王二少归》：

“东郭沧江合，西山白云高”，以“沧”对“白”就是这种情况。

总之，律诗的对仗不像平仄那样严格，诗人在运用对仗时，有更大的自由。艺术修养高的诗人常常能够成功地运用工整的对仗，来做到更好地表现思想内容，而不是损害思想内容。遇必要时，也能够摆脱对仗的束缚来充分表现自己的意境。无原则地追求对仗的纤巧，那就是庸俗的作风了。

第五节　绝句

上文说过，绝句应该分为律绝和古绝。律绝是律诗兴起以后才有的，古绝远在律诗出现以前就有了。这里我们就把两种绝句分开来讨论。

（一）律绝

律绝跟律诗一样，押韵限用平声韵脚，并且依照律句的平仄，讲究粘对。

（甲）五言绝句

（1）仄起式

仄仄平平仄，平平仄仄平。
平平平仄仄，仄仄仄平平。

登鹳雀楼

［唐］王之涣

白日依山尽，黄河入海流。
欲穷千里目，更上一层楼。

另一式，第一句改为仄仄仄平平，其余不变。

（2）平起式

平平平仄仄，仄仄仄平平。
仄仄平平仄，平平仄仄平。

听筝

［唐］李端

鸣筝金粟柱，素手玉房前。
欲得周郎顾，时时误拂弦。

另一式，第一句改为平平仄仄平，其余不变。

（乙）七言绝句

（1）仄起式

仄仄平平仄仄平，平平仄仄仄平平。

平平仄仄平平仄，仄仄平平仄仄平。

从军行

［唐］王昌龄

大漠风尘日色昏，红旗半卷出辕门。

前军夜战洮河北，已报生擒吐谷浑。

另一式，第一句改为仄仄平平平仄仄，其余不变。

（2）平超式

平平仄仄仄平平，仄仄平平仄仄平。

仄仄仄平平仄仄，平平仄仄仄平平。

早发白帝城

李白

朝辞白帝彩云间，千里江陵一日还。

两岸猿声啼不住，轻舟已过万重山。

另一式，第一句改为平平仄仄平平仄，其余不变。

跟律诗一样，五言绝句首句以不入韵为常见，七言绝句首句以入韵为常见；五言绝句以仄超为常见，七言绝句以平超为常见。

跟律诗一样，律绝必须依照韵书的韵部押韵。晚唐以后，首句用邻韵是容许的。

跟律诗一样，律绝要避免孤平。五言“平平仄仄平”第一字用了仄声，则第三字必须是平声；七言“仄仄平平仄仄平”第三字用了仄声，则第五字必须是平声。例如：

夜宿山寺

李白

危楼高百尺，手可摘星辰。

不敢高声语，恐惊天上人。

“恐”是上声，“天”是平声。

回乡偶书

［唐］贺知章

少小离家老大回，乡音无改鬓毛衰。

儿童相见不相识，笑问客从何处来。

（“不”“客”二字拗，“何”字救）

绝句，原则上可以不用对仗。上面所引几首绝句中，就有五首是不用对仗的。现在再举两个例子：

泊秦淮

杜牧

烟笼寒水月笼沙，夜泊秦淮近酒家。

商女不知亡国恨，隔江犹唱后庭花。

塞下曲

［唐］卢纶

月黑雁飞高，单于夜遁逃。

欲将轻骑逐，大雪满弓刀。

如果用对仗，往往用在首联。现举两首为例：

八阵图

杜甫

功盖三分国，名成八阵图。

江流石不转，遗恨失吞吴。

郿坞

苏轼

衣中甲厚行何惧，坞里金多退足凭。

毕竟英雄谁得似，脐脂自照不须灯。

但是，尾联用对仗，也不是少见的。首尾两联都用对仗，也就是全篇用对仗，也不是少见的。上面所引王之涣《登鹤雀楼》就是全篇用对仗的。下文再引两个例子，一个是首联半对半不对，一个是全篇完全用对仗：

塞下曲

李益

伏波惟愿裹尸还，定远何须生入关。

莫遣只轮归海窟，仍留一箭射天山。

绝句四首（第三首）

杜甫

两个黄鹂鸣翠柳，一行白鹭上青天。

窗含西岭千秋雪，门泊东吴万里船。

有人说，“绝句”就是截取律诗的四句，这话如果用来解释“绝句”的名称的来源，即是不对的，但是以平仄对仗而论，绝句确是截取律诗的四句；或截取前后二联，不用对仗，或截取中二联，全用对仗；或截取后二联，首联不用对仗；或截取右二联，尾联不用对仗。

（二）古绝

古绝既然是和律绝对立的，它就是不受律诗格律束缚的。它是左体诗的一种。凡合于下面的两种情况之一的，应该就为左绝：

（1）用仄韵；

（2）不用律句的平仄，有时还不粘，不对。当然，有些古绝是两种情况都是智的。

上文说过，律诗一般是用平声韵的，因此，律绝也是用平声韵的。如果用了仄声韵，那就可以说为左绝。例如：

悯农（二首）

［唐］李绅

其一

春种一粒粟，秋收万颗子。

四海无闲田，农夫犹饿死。

其二

锄禾日当午，汗滴禾下土。

谁知盘中餐，粒粒皆辛苦！

从上面所引的二首绝句中，已经可以看出，古绝是可以不依律句的平仄的。李绅《悯农》的“春种”句一连用了四个仄声，“谁知”句一连用了五个平声。

即使用了平声韵，如果不用律句，也只能算是左绝。例如：

静夜思

李白

床前明月光，疑是地上霜。

举头望明月，低头思故乡。

“疑是”句用“平仄仄仄平”，不会律句。“举头”句不粘，“低头”句不对，所以是左绝。

五言古绝比较常见，七言古绝比较少见。

当然，古绝和律绝的界限并不十分清楚。因为在律诗兴起了此后，即使写古绝，也不能完全不受律句的影响。这里把它们分为两类，只是要说明绝句既不可以完全归入左体诗，也不可以完全归入近体诗吧了。

第三章　诗词的节奏及其语法特点

第一节　诗词的节奏

诗词的一般节奏

这里所讲的诗词的一般节奏，也就是律句的节奏。律句的节奏，是以每两个音节（即两个字）作为一个节奏单位的。例如：

五字句：
仄仄—平平—平，平平—仄仄—平，
平平—平仄—仄，仄仄—仄平—平。

七字句：
平平—仄仄—平平—仄，仄仄—平平—仄仄—平，
仄仄—平平—平仄—仄，平平—仄仄—仄平—平。

从这一个角度上看，“一三五不诲，二四六点明”这两个口诀是基本上正确的：第一、第三、第五字不在节奏点上，所以可以不诲；第二、第四、第六字在节奏点上，所以需要点明。

意义单位常常只和声律结合得很好的，所谓意义单位，一般地说就是一个词（包括复方词），一个词组，一个介词结构（介词及其宾语），或一个句子形式，所谓声体单体，就是节奏。就多数情况来说，二者在诗句中是一致的。

例如：

西风—烈，长空—雁叫—霜晨—月。（毛泽东）

指点—江山，激扬—文字，粪土—当年—万户—侯。（毛泽东）

宁化—清流—归北，路隘—林深—苔滑。（毛泽东）

应当指出，三字句，特别是五言、七言的三字尾，三个音节的结合是比较密切的，同时，节奏点也是可以移动的。移动以后，就成为下面的另一种情况：

三字句：
平—平仄，仄—仄平，平—仄仄，仄—平平。

五字句：
仄仄—平—平仄，平平—仄—仄平，平平—平—仄仄，仄仄—仄—平平。

七字句：
平平—仄仄—平—平仄，仄仄—平平—仄—仄平，

仄仄—平平—平—仄仄，平平—仄仄—仄—平平。

例如：

须—晴日。起—宏图。

雨后—复—斜阳。六亿—神州—尽—舜尧。（毛泽东）

乱花—渐欲—迷—人眼，浅草—才能—没—马蹄。（白居易）

实际上，五字句和七字句都可以分为两个较大的节奏单位；五字句分为二、三，七字句分为四、三。这样，不但把三字尾看成一个整体，连三字尾的外部分也看成一个整体。这样分析更合于语言的实际，也更富于概括性。例如：

雨后—复斜阳。

别来—沧海事，语罢—暮天钟。

天连五岭—银锄落，地动三河—铁臂摇。

晴川历历—汉阳树，芳草萋萋—鹦鹉洲。

第二节　诗词语法特点

（一）不完全句

在诗词中，不完全句是经常出现的。诗词是最精练的语言，它在短短的几十个字中，表现出尺幅千里的画面。所以有许多句子的结构就非压缩不可。所谓不完全句，一般指没有谓语，或谓语不全的句子。最明显的不完全句是所谓名词句。一个名词性的词组，就算一句话。例如：

清新庾开府，俊逸鲍参军。

渭北春天树，江东日暮云。

诗思是：李白的诗，清新象庾信的诗一样，俊逸像鲍照的诗一样。当时杜甫在渭北（长安），李白在江东，杜甫看见了暮云春村，触景生情，就引起了甜蜜的友谊的回忆来。这个意思不是很清楚了吗？假如再增加一些字，反而变到多余了。

"晴川历历汉阳树，芳草萋萋鹦鹉洲。"

这里有四层意思："晴川历历"是一个句子，"芳草萋萋"是一个句子，但是"汉阳树"与"鹦鹉洲"则不成为句子。但是汉阳树和晴川的关系，芳草和鹦鹉洲的关系，都是表达出来了。因为晴川历历，所以汉阳树更看得清楚了；因为芳草萋萋，所以鹦鹉洲更加美丽了。

有时候，表面上好像有主语，有动词，有宾语，其实仍是不完全句。如苏轼《新城道中》："岭上晴云披絮帽，树头初日挂铜钲。"这不是两个意思，而是四个意思。"云"并不是"披"的主语，"日"也不是"挂"的主语。岭上积聚了晴云，好像披上了絮帽，树上初升起了太阳，好象挂上了铜钲。毛主席所写的《忆秦娥·娄山关》：

“西风烈，长空雁叫霜晨月。”“月”并不是“叫”的宾语。西风、雁、霜晨月，这是三层意思，这三件事形成了沉重的气氛。长空雁叫，是在霜晨月的景说下叫的。

（二）语序及变换

在诗词中，为了适应声律的要求，在不损害原单的原则下，诗人们可以对语序作适当的变换。例如：在毛主席诗词中，七律《送瘟神》第二首：“春风杨柳万千条，六亿神州尽舜尧。”第二句的意思是中国（神州）六亿人民都是尧舜。依平仄规则是“仄仄平平，仄仄平”，所以“六亿”放在第一、二字，“神州”放在第三四两字，“尧舜”说成“舜尧”。“尧”字放在末句来，这有押韵的原因。

《浣溪沙》后第一句“一唱雄鸡天下白”的意思。

语序的变换，有时也不能单纯理解为适应声律的要求，它多有积极的意义，那就是增加诗味，使句子成为诗的语言。杜甫《秋兴》（第八首）“香稻啄食余鹦鹉粒，碧梧栖老凤凰枝”，有人以为就是“鹦鹉啄食余香稻粒，凤凰栖息磐梧枝”。那是不对的。“香稻”“碧梧”放在首面，表示诗人所咏的是香稻和碧梧，如果把“鹦鹉”“凤凰”挪到前面去，诗人所咏的对象就变为鹦鹉与凤凰，不合秋兴的题目了。

（三）对仗上的语法句子

诗词的对仗，出句和对句常常是同一句型的。例如：

王维《使至塞上》：“征蓬出汉塞，归雁入胡天。”主语是名词前面加上动词宾语，动词是单音词，宾语是名词前面加上专名宾语。

毛主席《送瘟神》：“红雨随心翻作浪，青山着意化为桥。”主语是颜色修饰的名词，“随心”、“着意”这两个动宾结构用作状语，用它们来修饰动词“翻”和“化”，动词后面有补语“作流”和“为桥”。

语法结构相同的句子（即同句型的句子）相为对仗，这是心格。但诗词的对仗还有另一种情况，就是只要求字面相对，而不要求句型相同。例如：

杜甫《八阵图》：“功盖三分国，名成八阵图。”“三分国”是“盖”的直接宾语，“八阵图”却不是“成”的直接宾语。

韩愈《精卫填海》：“口衔山石细，心望海波平”。“细”字是修饰语后置，“山石细”等于“细山石”。对句则是一个递繁句：“心里希望海波变为平静。”我们可以倒过来说“口衔细的山石”但不能说“心望平的海波。”

毛主席的七律《赠柳亚子先生》：“牢骚太盛防肠断，风物长宜放眼量。”“太盛”是连上读的，它是“牢骚”的谓语；“长宜”是连下读的，它是“放眼量”的状语。“肠断”连念，是“防”的宾语；“放眼”连念，是“量”的状语，二者的语法结构也不相同。

由上面一些例子看来，可见对仗是不能太拘泥于句型相同的。一切形式要服从于思想用意，对仗的句型也不能例如。

（四）谏句

谏句是修辞问题，同时也常常是语法问题。诗人们最讲究谏句，把一个句子谏好了，全诗为之生色不少。

谏句，常常也就是谏字。就一般说，诗句中最重要的一个字就是谓语的中心词（称为“谓语”）。把这个中心词谏好了，这是所谓一字千金，语句就变为生动的、形象的了。著名的“推敲”的故事就是说明这个道理的。相传贾岛在驴背上得句：“鸟宿池边树，僧敲月下门。”他想用“推”字，又想用“敲”字，犹豫不决，用手作敲的样子，不知不觉地冲撞了京北尹韩愈的前导，韩愈问明白了，就替他决定了用“敲”字。这个“敲”字，也不是谓语的中心词。

谓语中心词，一般只用动词充当的。因此，谏字往往也就是谏动词。现在试举一些例子来证明。

李白《塞下曲》第一首：“晓战随金鼓，宵眠抱玉鞍。”“随”和“抱”这两个字都谏得很好。鼓是进军的信号，所以只有“随”字最合适。“宵眠抱玉鞍”要比“伴玉鞍”“傍玉鞍”等等说法好得多，因为只有“抱”字才能显示出枕戎待旦的紧张情况。

毛主席《菩萨蛮·黄鹤楼》第三、四句：“烟雨莽苍苍，龟蛇锁大江。”锁字是谏字。一个“锁”字，把龟蛇二山在形势上的重要地位充分地显示出来了，而且非常形象。假使换成“夹大江”之类，那就味同嚼蜡了。

毛主席《清平乐·六盘山》后阙第一二两句：“六盘山上高峰，红旗漫卷西风。”“卷”字是谏字，用“卷”字来形容红旗迎风飘扬，就显示了红旗是革命战斗力量的象征。

形容词和名词，当它们被用作动词的时候，也往往是谏字。

毛主席《沁园春·长沙》后阙第七、八、九句：“指点江山，激扬文字，粪土当年万户侯”。“粪土”二字是名词当动词用。毛主席把当年的万户侯视成粪土，这是蔑视阶级敌人的革命气概。“粪土”二字不但用得恰当，而且用得简谏。

形容词即使不用作动词，有时也有谏字的作用。王维《观猎》第三四两句：“草枯鹰眼疾，雪尽马蹄轻。”这两句话共有四个句子形成，“枯”“疾”“尽”“轻”，都是谓语。但是，“枯”与“尽”是平常的谓语，而“疾”与“轻”是谏字。草枯以后，鹰的眼睛看得更清楚了，诗人不说看得清楚，而说“快”（疾），快比“清楚”更形象。雪尽以后，马蹄走得更快了，诗人不说快，而说“轻”，“轻”比“快”又更形象。

结　语

汉语诗词的格律，不是任何文人所创造的，而是一两千年来诗人们创作实践经验的积累。在今天，我们不应该在青年中再提倡旧体诗词，这是肯定了的。但是，这不等于说旧体诗词完全没有可以借鉴的地方。近年来，诗人们当中也有人提倡现代格律诗。我想，自由体和半自由体的新诗永远是一条路，决不能规定诗人们都做格律诗。但是，新式格律诗也应该是一条路，这种新式格律诗应该是批判地继承民族形式的传统。我们必须深入地研究这种民族形式的传统，然后谈得上批判什么，继承什么。借鉴包括吸取和抛弃。古代诗人良好的创作实践经验应该吸取，其中某些格律在今天已经过时了，应该经过了充分的考虑，然后加以抛弃，那也算是一种借鉴。

思之，诗词格律的研究，不但能够帮助我们欣赏旧体诗词，同时，还能帮助我们去发现现代格律诗的新道路。一种的传统的民族形式为基础的新式格律诗不是不可能创造出来的。

诗韵举要

一、上平声

［一东］　东，同桐铜童，中衷终棕，冲充聪怱葱，弓躬宫公功工攻，红虹洪鸿，隆聋龙，虫丛，戎融，雄熊，穹穷，风丰，冯，蒙濛，翁，蓬，空，蒿，崇，筒，通。

［二冬］　冬，封逢峰丰，宗钟踪，庸雍，茸容，胸光，农浓，松，重从，纵，彤，龙，冲，缝，恭，供。

［三江］　江，缸，窓，撞，拜，龙，双，降（降伏）。

［四支］　支，妓知之芝兹滋蜘咨姿，池迟辞词慈雌匙瓷叁鸱差（参差），奇其棋旗麒骑岐祁，师施诗孙思私尸，虽谁随隋绥，移宜疑姨，基箕淇饥，期欺，卑碑悲罴，规龟，吹炊，仪遗颐迤，离篱罹璃，祠持，驰痴髭，帷维，锥追，眉嵋　麾縻，疲罴琵枇，司斯，危萎逶，伊椅，脂资，儿弥尼，只治（治理）嬉，熙，羁，医，皮，披，陂，垂，锤，窥，蔡，推，为，裨，丕，时，亏，衰，而。

［五微］　微，晖辉挥，韦帏苇围，菲非扉飞，机饥，希稀，祈，几，薇，徽，违，威，归，肥，妃，衣依。

［六鱼］　鱼，渔余与誉，书舒疏梳蔬，诸猪狙沮，居车，渠据，余予，虚墟，闾榈，徐，胥，初，储，锄，余，如，淤，庐，驴。

［七虞］　虞，娱愉逾渝，隅于儒臾，巫乌呜梧污诬，吴燕，夫芙，殊输枢功，徒途涂啚，株蛛诛珠朱租，乎呼，鬓须，孤辜沽姑，岛雛厨，胡湖蝴糊壶狐，驹拘，卢炉，蒲匍葡，妈孥驽，区驱岖躯趋衢，扶符俘凫肤，愚，无，吾，舻，俱，摸，铺，枯，粗，都。

［八齐］　齐，妻萋凄栖，兮西溪畦，黎犁梨，隄题提蹄啼，陀霓，鸡，稽，低，梯，迷，携，脐，嘶，睽。

［九佳］　佳，阶皆街，怀淮槐，牌排，柴豺，差钗，侪，斋，埋，偕楷，鞋，崖，涯，骸，乖，蛙。

［十灰］　灰，梅帮媒煤，才材财裁，催摧崔，培陪裴，回廻，徊，恢，魁，灾栽，哉，堆，推，杯，徘，猜，开，哀，埃，台，该，孩，来，腮。

［十一真］ 真，因茵姻，辛新薪，申伸身，津钧均，旬荀询循驯巡，人仕银，匀筠，频贫，宾滨，岷泯，邻鳞，晨辰，陈尘，春椿，纯淳，偏输，神，亲，珍，秦，遵，垠，巾，民。

［十二文］ 文，纹蚊，分纷氛焚，云芸耘氲，群裙，君军，斤筋，勤芹，薰熏，闻，坟，欣，殷。

［十三元］ 元，原源园猿辕垣袁援，蕃藩翻，烦繁，魂浑，尊樽，暄喧轩，樊，蜿，存，屯豚，敦蹲，村，根，痕，言，鸳，温，孙，门，盆，奔，论，昏，恩，吞，抚。

［十四寒］ 寒，丹单，安鞍，嬗坛，摊滩，干肝乾草，难，完纨，鸾峦，盘蟠，官棺观，韩，翰，餐，弹，残，看，凡，端，湍，酸，团，冠，欢，宽，唉，珊，漫（水大貌）。

［十五删］ 删，垮湾，还寰，姦间，閒闲，班斑攀，関，蛮，颜，顽，山，患，潺。

二、下平声

［一先］ 先，前钱乾（乾坤），泉全痊权拳悛，千阡栈迁，铅愆虔牵，弦弦舷悬旋，缓圆员，眠縣，然燃鸢妍沿，延涎筵，烟马，莲怜，坚肩煎，田填，涓捐娟，渊，边编鞭，蝉缠，连联，编篇翩，穿川，船椽传，专，扁，便，天，贤，年，颠，仙，鲜，宣，氈，羶。

［二萧］ 萧，箫霄消销逍宵嚣，貂刁凋雕，骄娇焦燋椒浇，昭招，腰邀妖夭（妖）要（要求），辽僚缭寥聊，桥侨樵，朝潮，超，迢条调（调和），徼（徼幸），尧饶遥摇姚，桃，跳，漂飘，嫖，标，苗，猫，韶，烧。

［三肴］ 肴，交郊蛟胶，包苞，胞抛，巢嘲，教（使也），茅，钞抄梢，坳，敲，咆，哮。

［四豪］ 豪，毛旄髦，毫，盖高膏，□骚缫臊，曹嘈，熬嗷，壕号（呼号），萄陶淘逃桃，涛滔韬，牢劳，叨，糟遭，操，刀，袍，萄陶淘逃桃，涛滔韬，牢劳，叨，糟遭，操，刀，袍褒，挠，蒿皋。

［五歌］ 歌，河何荷和禾，罗萝螺，坡婆颇，波，科柯，迦，娑，娥蛾鹅峨俄，摩么磨，多，阿，遇，陀驼，柁，拖，戈哥，靴。

［六麻］ 麻，牙芽呀鸦衙涯，家加嘉，巴杷琶，奢赊，蛇，遮，霞遐斜邪，暇，沙砂纱，差（差错），花华，车，瓜，夸，耶，嗟，蟆。

［七阳］ 阳，杨扬羊洋飏，昌猖仓苍沧疮，堂棠唐塘糖，光，王，香乡襄，箱湘，伤殇桑商裳丧，央鸯秧殃佯，霜，相，将（持也）浆僵疆，荒遑惶徨盲，行（行列）杭航，创，赏，梁粮良量凉，长常尝肠藏（收芷），详祥翔，汤，康，亢，狂匡筐，囊，强墙樯，场觞，郎廊狼，娘，旁，傍，妆庄装，狀，亡忘望，芒茫，黄丘凰，浪，当，蒋，坊妨防，房，方芳，张章，羌枪，抢，昂，乡綱，刚，彰。

［八庚］ 庚，英莺婴鹦樱，京擎旌精耕荆，横亨衡，盲，彭，烹，生甥笙牲声，呈程成城诚橙，晶晴茎，兵，兄，擎，争筝峥征正（正月），盈楹莹迎营，汒，明名鸣，萌，氓，贞，卿清轻箐，情晴，倾坑铿，羹更（更多），并，琼，平评，荣嵘，宏泓，行（行走），令（使令）。

［九青］ 青，经泾陉，灵伶龄，廷庭霆亭婷，停，馨，醒，听，萍屏瓶，形型刑，另苓聆翎，莹，

晴，娉，宁，丁汀，星腥，冥铭。

［十蒸］ 蒸，承丞惩曾层乘澄（澂），升昇僧，灯登，称（称占），冰，绳，菱凌陵，应鹰蝇，矜兢，朋鹏，徵（征求），胜，兴，崩，稷，恒，腾，能，憎，凭，仍。

［十一尤］ 尤，酬俦畴筹稠愁仇售，秋啾鞦蚯邱，牛，抽，鸠，浮，邮优忧攸幽，猷遒囚求裘，矛，偷，犹，邹流留刘琉，勾沟钩，由游柔揉，收搜，谋，牟，兜，修休羞，周舟州，侯喉猴，讴鸥，娄楼，颈投。

［十二侵］ 侵，深参森琛，音吟淫阴，针斟砧，寻，沉，心，钦，岑，禽擒衾琴，今金襟（衿），林临，簪，任，壬，禁。

［十三覃］ 覃，含函涵，潭谈，堪龛，甘柑，谙，庵，蚕，探，贪，参（参政），南男，酣憨，蓝岚，耽，担，三。

［十四监］ 监，谦签黔钤，严簷尖，淹阎，潜歼，蟾，添，黏，箝，瞻占（占卜），廉簾镰，嫌纤，兼尖，髯，恬，拈，砭。

［十五咸］ 咸，咸衔啣（同衔），衫杉，谗，馋，函，缄，巉，帆，监，凡，掺。

翰墨寄情　励志增寿
——记刘鸿典教授的业余生活

他，身材颀长，衣着朴素，待人谦和；他，面色红润，思维敏锐，谈锋甚健，精神抖擞。三年前，他以八十高龄光荣加入了中国共产党，如今，这位耄耋长者，仍耳聪目明，身板硬朗，平日出门从不要手杖，并可独自登上四层楼房。在西安冶金建筑工程学院福利区一幢米黄色大楼内，我见到了这位著名建筑专家、学院建筑系主任、二级教授刘鸿典。

刘老早年毕业于东北大学建筑系，从事建筑科技工作已有50多个春秋。近年来，他一方面要参加各种有关的社会及学术活动，同时还将主要精力用来培养指导硕士研究生。对一位八旬老人来讲，除去对事业的执着追求外，健强的体魄当尤为重要。

刘老酷爱生活，业余生活丰富高雅。几十年来，他对书法、篆刻、丹青、养花等活动的热情始终如一，至今仍有增无减。近年以来，他潜心研习草书艺术，渐悟其中三味，先后与薛铸、高峡、吴三大等中青年书法家结为忘年之交，彼此经常在一处切磋书艺，同操毫管。谈话间，他起身从桌上拿来几大册他自书自装自裱的书法作品请我欣赏，那字端的功力不浅，潇洒灵秀，颇具儒雅之气、书卷之风。刘老高兴地告诉我：1986年他加入中国书法家协会后，专门应邀为日本成田县新胜寺草书李太白《哭晁衡》一诗，现藏该寺，此外还应日本、加拿大、美国、澳大利亚等国的许多朋友之命，为他们挥笔写了不少书法。

“心胸开阔，体育锻炼，节制饮食，不嗜烟酒，这是我总结自己延年益寿的几点经验。”他生活规律、饮食有度，每晚十时休息，七点半起床，待演练一番杨派太极拳后，再进行约十分钟的保健按摩，此举已坚持多年，从不辍止。他有三个儿子，儿子也已有了孙子，一家四世同堂，被评为五好家庭。

（作者：陈文龙）

粗布青衫寸寸心

校本部教学东楼，西安建大早期建筑之一，与教学主楼、教学实验西楼构成一个建筑群落的有机体。教学东楼最早是建筑系的教学与办公楼，现在叫作建筑学院。

西安建筑工程学院成立时，刘鸿典是建筑系首任系主任，任职长达 10 年，是学校五位二级教授之一。

教学东楼自落成至今，始终是建筑学院师生的大本营。当年刻写着“建筑系”的石匾，因东楼门口整修改装而拆除，如今仍立靠在楼边的角落，石匾上“建筑系”三个字是刘鸿典教授的亲笔。

刘鸿典的书法作品蜚声学界内外。当年西安建筑工程学院校牌、校徽，均采用他的墨宝。他的水彩画曾得童寯的真传，又受教于著名水彩画家张充仁。20 世纪 50 年代，他曾当场为学生画一幅幼儿园设计方案的建筑渲染图，20 分钟一气呵成，色彩绚丽引人入胜，当即成为方案讨论会上的亮点。

如今，刘鸿典教授的石像坐落在东楼门口，老人家手执画笔，日日月月年年，与出入教学东楼的建筑学子颔首招呼，催促着大家努力奋进。

在教学东楼，或者说是在建筑学院，再延伸到整个校园，刘鸿典教授永远是师生的偶像。

刘鸿典出生在辽宁省宽甸县步达远村一个没落地主家庭，由于当地的封闭与落后，12 岁才得父亲微许开始读小学。先是在五里外的邻村读村立国民小学，15 岁时又“不惮辛苦，跋山涉水数百里”前往安东县立元宝山小学，高小毕业时差不多 17 岁了。1929 年 9 月，刘鸿典考入东北大学建筑系时，已经 25 岁，而他的老师梁思成任建筑系主任时，也才 27 岁。

刘鸿典是东北大学建筑系第二届学生，跟随梁思成、林徽因、童寯、陈植、蔡方荫等建筑大师学习，是我国“建筑四杰”的直系传人，也是新中国早期绝少的几位没有留洋经历的著名建筑师之一。

刘鸿典从事建筑设计，可谓成果累累，他设计的建筑作品从北到南，至今留存不少，且颇多经典。

新中国成立前，他曾在上海搞设计，上海市的中心游泳池、中心图书馆、虹口中国医院、淮海中路上方花园风格各异的独立别墅、福州交通银行、南通交通银行、杭州交通银行，等等，不少作品至今仍是当地著名的标志性建筑。

新中国成立初期，他担纲完成了东北工学院校园总平面图、东北工学院冶金学馆、东北工学院长春分院教学楼、淮南矿区火力发电厂、东北大学（南湖）学生宿舍和教师住宅等设计，还于 1950 年参加了沈阳工学院新校区的设计规划工作。其中，由他主笔的东北工学院校园总平面规划设计图，主题鲜明、气势雄伟，功能分区合理、道路贯通，疏密得兼、景观环境幽美，前临南湖公园、后滨浑河，真是最完美的“花园式校园”。

这样一位有着卓越成就的建筑大师，却有着许多坎坷的人生磨难。

“九一八”事变打断了刘鸿典的求学生活。他随着东北大学一起流亡，经历种种波折，终在沪续课、修完学业。

1933年，刘鸿典毕业离校，却不能回到家乡报答父老乡亲，无奈中只得在上海谋生。他在上海生活了17年，为上海设计了许多经典建筑，但是作为东北人的刘鸿典，“流浪”是他难以忘怀的记忆，“在上海举目无亲，一天没有职业，生活便马上感受到威胁”，所以刘鸿典又说他在上海的设计，都是“为生计而设计”。

刘鸿典刚到上海时，有一次到他老师的事务所帮助画图。刚一进大楼的电梯，就被电梯服务生赶了出来，因为他穿的是粗布棉袍。活得要有尊严，由此成为他的人生目标。

当新中国的成立给了每一位中国人以莫大的尊严时，他毅然“不受谣言蛊惑，甘心情愿留在新中国投身教育事业”，欣然接受东北工学院的聘请，返乡任教，以极大的热忱，全身心地投入教学与建校工作，由此开始实现自己“为人民祖国而设计”的建筑理想。

1956年，刘鸿典担任西安建筑工程学院建筑系主任、教授。他秉承东北大学梁思成、童寯等先师的教育理念，开创了学院建筑学专业硕士研究生教育，成为首任硕士生导师。刘鸿典对学生要求极严，凡不结合实际的题目，空泛的理论性论文，是绝对不会被通过的。

刘鸿典在近四十年的教授生涯中培养了数以千计的学生。从东工到西安建大，他教过的学生，大都成为相关学科的开拓者和国内外知名学者，成为院士者有之，获“建筑大师”称号者有之、担任各建筑设计院院长者有之，在大学里担任教授、博导者，更是不乏其人。

建筑学院楼前刘鸿典先生的半身石像，就是刘鸿典的“关门弟子”张正康建筑师（甘肃省建筑设计院前院长）以兰州校友会的名义捐赠的。

在生命的最后十年，刘鸿典以病弱之躯无尽地奉献着自己的余热。他参加《中国大百科全书·建筑·园林·城市规划》《美术辞林》《陕西省地方志》等大型辞书的编撰工作；主持华山风景区及多个城市规划的评议会；参加兵马俑二、三号坑、陕西省历史博物馆、临潼贵妃池规划设计论证，广州市游乐园设计；西安火车站、西安市南大街拓宽工程等多项设计方案的评议；担任研究生指导组组长，参与评审职称论文，他始终满腔热忱、不遗余力。

刘鸿典先后于1957年、1983年两次递交入党申请书，并于1985年如愿加入了中国共产党。这年正逢他八十大寿。在校党委专为他举行的“入党、祝寿”双喜庆祝会上，他表示更要以“老骥伏枥”的精神把知识献给人民。

1995年8月，曾担任张学良将军行营秘书处机要室主任的洪钫，受张将军之托，从美国檀香山专程到91岁的刘鸿典教授家探望。刘老设家宴款待贵宾，席间叙谈东北大学的峥嵘岁月、校史掌故，非常高兴。翌日清晨，刘老梳洗整装后，对儿子刘垦说：“我要走了……”，当日下午即安然仙逝。

未留遗言，也应该没有什么放不下吧。

（本文选自《漫游中国大学——西安建筑科技大学卷》，作者：周春芳）

附录一 刘鸿典传

刘鸿典（1905年10月～1995年8月），辽宁宽甸人，中国第二代建筑师代表人物之一、著名建筑教育家、书法家。历任中国建筑学会理事、国家建委科学研究审查委员会委员、中国圆明园学会学术顾问、陕西省土木建筑学副理事长、省市建筑学会副理事长、辽宁省人民代表、西安市人民代表、市政协委员、省科协委员、陕西书法学会会员等职。

刘鸿典1928年考取东北大学建筑系，作为第二届毕业生获学士学位。1936年获实业部颁发的开业建筑师证书。1939年至1941年先后在上海交通银行总行和浙江兴业银行总行任建筑师。1941年至1945年在上海创办宗美建筑专科学校任校长。1947年至1949年在上海同郭毓麟、张剑霄三人创建“鼎川营造工程司”执行建筑业务。1950年任东北工学院（东北大学）建筑系二级教授、建筑设计教研室主任、系学术委员会主任和校学术委员会副主任委员。1956年，随东北工学院建筑系并入西安建筑工程学院（后先后更名为西安冶金学院、西安冶金建筑学院、西安建筑科技大学），首任建筑系主任职务；凭借刘鸿典教授在建筑学坛的威望和影响，我校获准了建筑学专业硕士研究生授予权。

1928年至1932年刘鸿典师承梁思成、童寯、陈植等建筑大师，是我国“建筑四杰”的直系传人。刘鸿典继承了梁、童二师许多优秀品德和学贯中西、报效祖国、勇于创新的学风。他饱受战乱之苦，东大停课、学生流离失所，赴沪续课，毕业后艰难执业。上海刚解放他欣然接受东北工学院的聘请，返乡任教，以极大的热忱，全身心的投入教学与建校工作，视“为人民、为祖国而设计”为己任的他圆了自己做建筑师的梦。

刘鸿典从自己亲身经历的岁月中，感悟到只有中国共产党和社会主义才能救中国，从一个爱国知识分子、民盟盟员积极发展成为一个共产主义者。1985年加入了中国共产党。1986年刘鸿典同志被院党委评为优秀共产党员。在任硕士生导师期间，刘鸿典以高度的责任心，严格要求学生，经他指导的硕士研究生，从选题、调研到论文（毕业设计）都必须结合实际，态度认真，其中两篇结合1985年“乡镇文化中心设计竞赛”的论文，获省内一等奖和二等奖，同时获全国二等奖（一等奖空缺）。

刘鸿典的学术思想，最突出的一点，就是“知行合一”——理论联系实际，他的建筑教育思想师出梁思成的“理工与人文结合”、又博又精的修养和训练。同时，刘鸿典在体现建筑师的基本功——徒手绘画能力方面造诣不凡，在绘画、书画上也表现出了很高的修养，他的水彩画构图巧妙，刻画细微，色彩明快水彩交融，形象逼真，作品（墨画）遍及国内外。刘鸿典对建筑画样样精通，他曾在20分钟内画成一幅色纸炭笔加色的建筑渲染图，色彩绚丽引人入胜，他总是告诫大家：“建筑师徒手绘草图与速写，是训练‘手脑统一’，用形象思维表达思想的‘看家’本领”。

刘鸿典极力主张建筑教育要面向社会主义经济建设。他身体力行，率领师生积极参与社会实践和工程设计实践，积极参与陕西以及大西北的开发建设，锻炼了师资队伍，丰富了教学内容，端正了教育方向，为建立我校建筑教育的体系奠定了坚实基础。

他在70余岁高龄之际，仍坚持教学第一线，指导研究生，在他80余岁时，仍出席学术界会议和学校各种学术会议。他十分关注全国高校建筑学专业教育评估工作，坐着轮椅亲临视察、指导，提出宝贵意见，在他的谆谆教诲下，我校建筑学专业在首次专业教育评估中取得了优秀，得到了全国专家的高度赞赏。

刘鸿典教授早年从事建筑师执业工作，与梁思成、陈植、童寯等前辈一道，探索中国建筑的民族化道路。其中具有代表性的有：解放前就从事私宅、别墅（如江湾李宅、镇江唐宅）的设计工作，1934年至1935年修建的建筑面积为3430平方米的上海江湾图书馆（方案审定为董大酉建筑师），南通交通银行（建于1937年）、沈阳南湖东北大学校园总体规划设计及四大学馆之首的冶金学院教学楼（建筑面积1.8万平方米）和上海淮海路上的上方花园小区规划设计；解放后在东大南湖，设计许多学生宿舍和教师住宅，东北大学校门的建筑设计（门墩上有张学良校长的题刻），具有纪念性。

他极力主张建筑教育要面向社会主义经济建设。他身体力行，率领师生积极参与社会实践和工程设计实践，积极参与陕西以及大西北的开发建设，锻炼了师资队伍，丰富了教学内容，端正了教育方向，建立了学校建筑教育的体系。

本文选自《西安建筑科技大学志（1999-2010）》第十八章《人物传记》

附录二　刘鸿典简历

姓名	刘鸿典	性别	男	民族	汉
出生年月	1905 年 11 月		籍贯	辽宁省宽甸县	
参加工作年月	1950 年 2 月		文化程度	东北大学建筑系毕业、工学士	
政治面貌	盟员、党员	职务级别	二级教授	工作单位	西安冶金建筑学院建筑系

一、工 作 经 历

解放前在上海任建筑师工作，并曾在沪江大学建筑系任教授代兼系主任，曾自办宗美建筑系专科学校。自 1950 年 2 月起任东北工学院建筑系教授，兼任设计教研组主任和建校设计室主任。自 1956 年 8 月起，由于院校调整成立西安冶金建筑学院，本人任建筑系系主任，副系主任等职。由 1979 年 5 月起，改任院学术委员会副主任。现在除担任培养硕士研究生工作外，仍兼任学院基建与绿化委员会主任和院学术委员会、学衔委员会、学位委员会委员。

社会政治活动：① 1955 年 3 月～1958 年曾任政协辽宁省第一届委员会委员；② 1956～1958 年任西安第二届人民代表大会代表；③ 政协西安市委员会第四、五、六、七届委员会委员；④ 民盟陕西省第五届委员会常委。

社会工作：① 1980 年起被聘为西安市南大街拓宽工程顾问；② 1981 年起被聘为《中国大百科全书》建筑编委会特邀编委；③ 1982 年起被聘为陕西省土、建干部职称评定委员会副主任；④ 1982 年被聘为陕西省人民美术出版社《美术知识大全》顾问；⑤ 1984 年起被聘为西安市《陕西省建造志》编委会副主任；⑥ 1984 年 9 月起被聘为西安市规划建设管理委员会委员；⑦ 1980 年起被选为西安市科协委员；⑧ 1981 年起被选为陕西省第二届科协委员。

参加学术团体：① 1979 年 9 月被接纳为中国美术家协会陕西分会会员；② 1982 年被接纳为中国书法家协会陕西分会会员；③ 1956 年起至 1984 年，曾被选为中国建筑第一届和第五届理事会理事；④ 1980 年被选为陕西省土木、建筑学会第三届理事会副理事长；第四届理事会顾问；⑤ 1982 年被选为西安市城市建设协会土木建筑学会第一届理事会常务理事；⑥ 1982 年被聘为陕西省工业美术协会顾问；⑦ 1984 年被聘为中国圆明园学会顾问。

二、奖　　励

① 1983 年曾获得美协陕西协会颁发的纪念证书，内容："你以高度的政治热情，积极捐送作品参加'支援安康救灾书、画义卖'谨此致谢"；② 1985 年被我院评为优秀教师；③ 1985 年陕西省

高等教育局和中国教育工会陕西省委员会联合发给“陕西省三十年教龄教师荣誉证书”；④ 于 1986 年 2 月接到陕西书画出版社来函称：“我们正在编写一部《陕西教育人物》，你为陕西及全国教育事业和经济建设做出了重要贡献，理应受到社会的尊敬和爱戴，你已经被确定为编选人物之一”。并将个人履历、科研成果、教育思想等材料提供给他们，我已照办；⑤ 中国建筑工业出版社出版的《建筑师》期刊，从 1981 年 12 月第 9 期起开辟了《新中国著名建筑师》专栏，陆续向国内外介绍一批在建筑创作上有一定成就的新中国著名建筑师。本人为首批介绍五位建筑师之一。附有本人照片及作品图片 20 余幅。

三、科研论文和著作

① 1963 年曾撰写了《对解决城市型住宅西晒问题的探讨》的论文，发表在《建筑学报》1964 年第一期，随后又刊登在《国外文摘》；② 1980 年撰写了《对建筑理论基本问题的探讨》的论文（建筑工程部下达科研项目），发表在 1981 年《建筑师》期刊第八期；③ 1982 年为《中国大百科全书》建筑部分编写了《市政厅建筑》，已经审理，待出版中；④ 1984 年陕西省地方志《建造法》编委会特邀本人承担《建筑教育卷》的编写工作，已提交了编写细目，刊印成册编入《建造志》的 12 卷，现正在着手编写中，预计本年度可完成讨论稿。

四、对“学”与“教”谈两点体会

① 治学之道贵在有“恒”，要有一种求知欲，要善于消化，力求达到举一反三的境界，切忌似懂非懂，得过且过，敷衍了事。我在治学方面，总是勤学好问，有难解的学术问题，想方设法把它解决，不轻易放过。一个突出的例子，我终生难忘，就是在我投考大学时，初试中数学出了四道试题，其中一道难度较大，当场未能解答。当我回到旅馆仍不死心，继续试做，同伴们说：“算了吧，已经考过了何必再费那脑筋？”我说：“不行，一定要把它解出。”过两天进行复试时，未料到四道试题又包括有这道难题。当然，轻而易举地答了满分。这种做法无疑问是主考者有志测验一下各考生的治学态度。所以治学之道应有百折不挠刻苦钻研的精神。叶剑英元帅曾写了一首名诗：“攻城不怕坚，攻书莫畏难，科学有险阻，苦战能过关”值得致学者引以为座右铭。

② 所谓教就是教学，就是培养人才的问题。对这个问题首先要承认人的智慧和兴趣各有不同，有的善于理解，有的善于记忆，有的善于模仿，有的善于创造。因此，针对学习的人的能力、性格、志趣等具体情况实施不同的教育，也就是因材施教，我认为是合乎客观规律的，往往能获得事半功倍的效果。就高等教育来说，根据我自己的学习过程和四十年来从事建筑学专业的教学体会，按照现行的高校招生制度，统一考试几门课程，是不利于选拔有艺术特长适合学建筑学专业的学生，其结果往往是事倍而功半。现在正处在教育改革阶段，如果能采取对待企业的政策，把招生考试的权力下放，由有关院校来掌握，赋予一定的灵活性，则将有助于提高教学质量。

后　记

本书编纂起始于 2017 年，因部分内容时代距今较远，刊布又较为分散，故在整理、编校过程中不断对新发现的内容进行增补，现有内容基本反映了刘鸿典教授的学术经历和学术成就。书中共收录文章 14 篇 (2 篇为回忆文章)、作品画稿 23 种、建筑实例 2 种、手稿 3 种。编纂期间，先后得到学校档案馆、校董校友会办公室、建筑学院、沈阳刘鸿典建筑博物馆等单位的支持和帮助。葛碧秋、杨梦琳、詹鹏超、于世奇、王晓敏、李爽、肖瑶、严瑞琪等人参与了本书基础资料的前期整理工作；刘鸿典教授家属刘赛文先生为本书提供了珍贵的原始素材，王军教授对全书编排提出了宝贵意见，在此一并表示感谢。

当然，限于编者的水平，书中内容难免有错讹之处，因历史原因和搜集渠道问题，部分见于记载的著述尚未得见真容，这些都期待各方提供帮助，以求本书内容的进一步丰富完善。

编　者

2019 年 12 月

图　　版

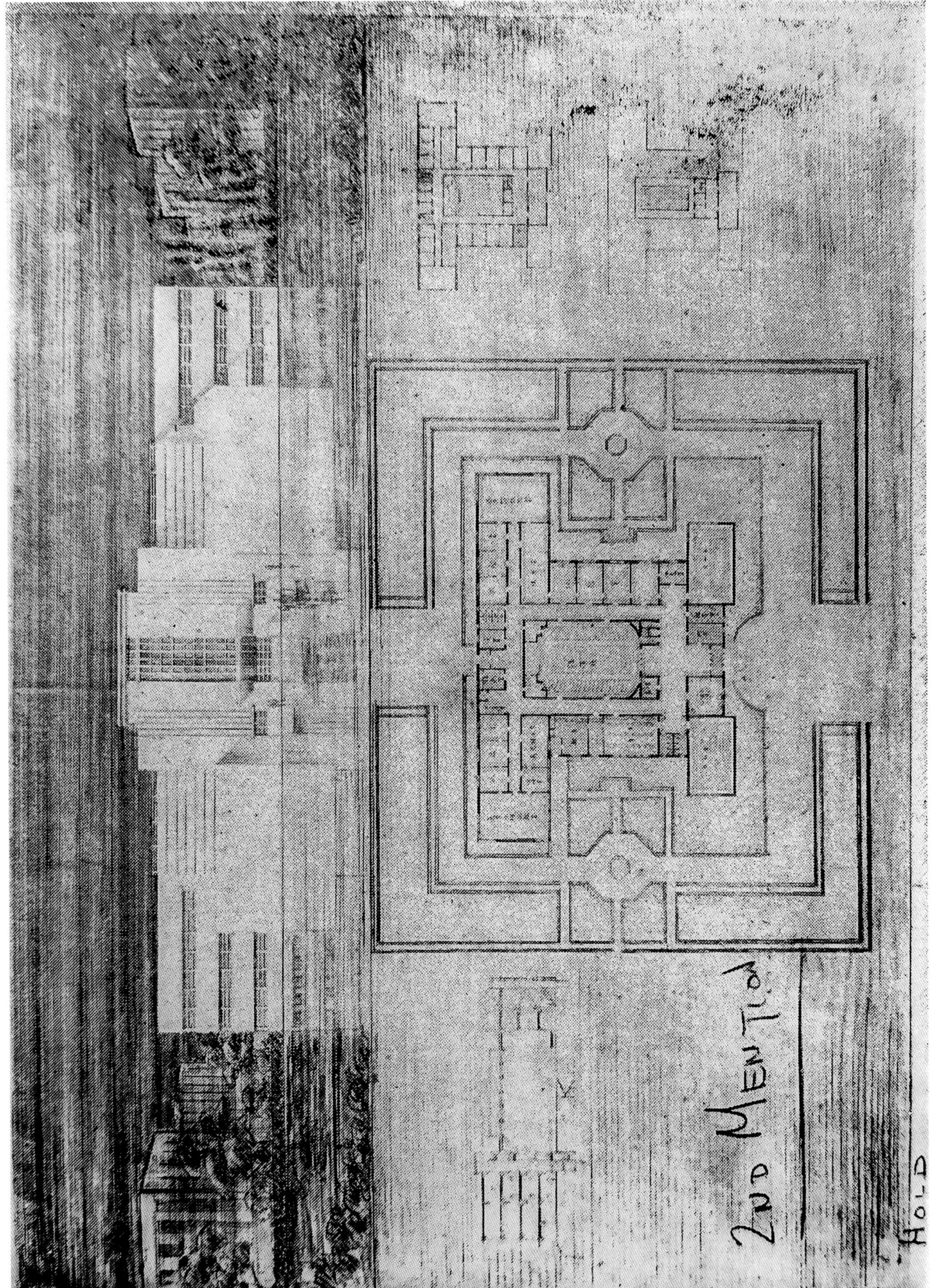

中央试验所设计图（1932年）

上海陈氏住宅

ARCHITECTS
May 1, 1939.

上海淮海中路上方花园西班牙式住宅

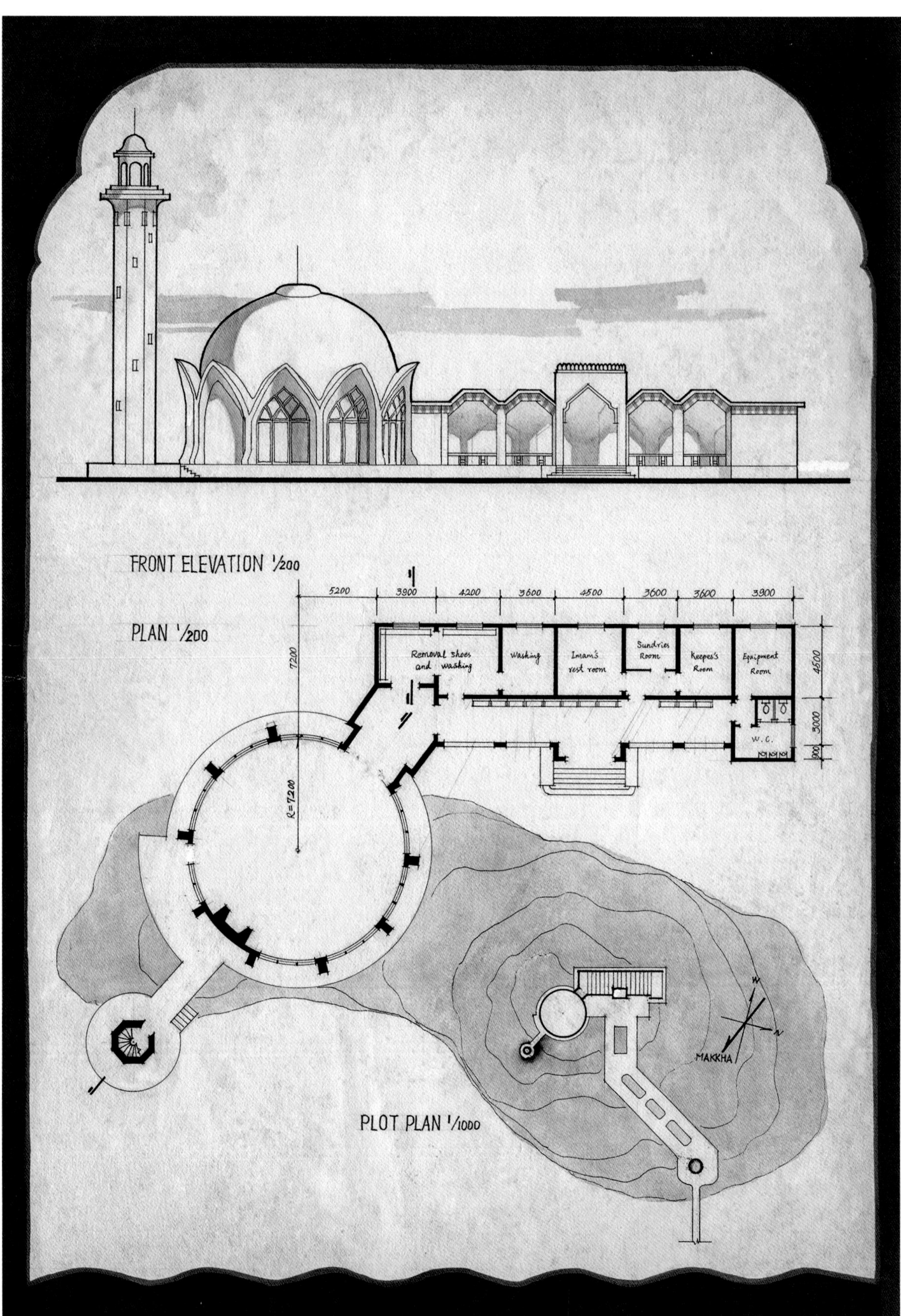
FRONT ELEVATION 1/200
PLAN 1/200
5200
3900
4200
3600
4500
3600
3600
3900
7200
4500
3000
900
Removal shoes and washing
Washing
Imam's rest room
Sundries Room
Keepes's Room
Equipment Room
W.C.
R=7200
MAKKHA
PLOT PLAN 1/1000

南通交通银行

1979.夏

鸿典
1980.5.1

临潼华清池
鸿典
1980.6.8写

H.D.LIU
1981.5.20

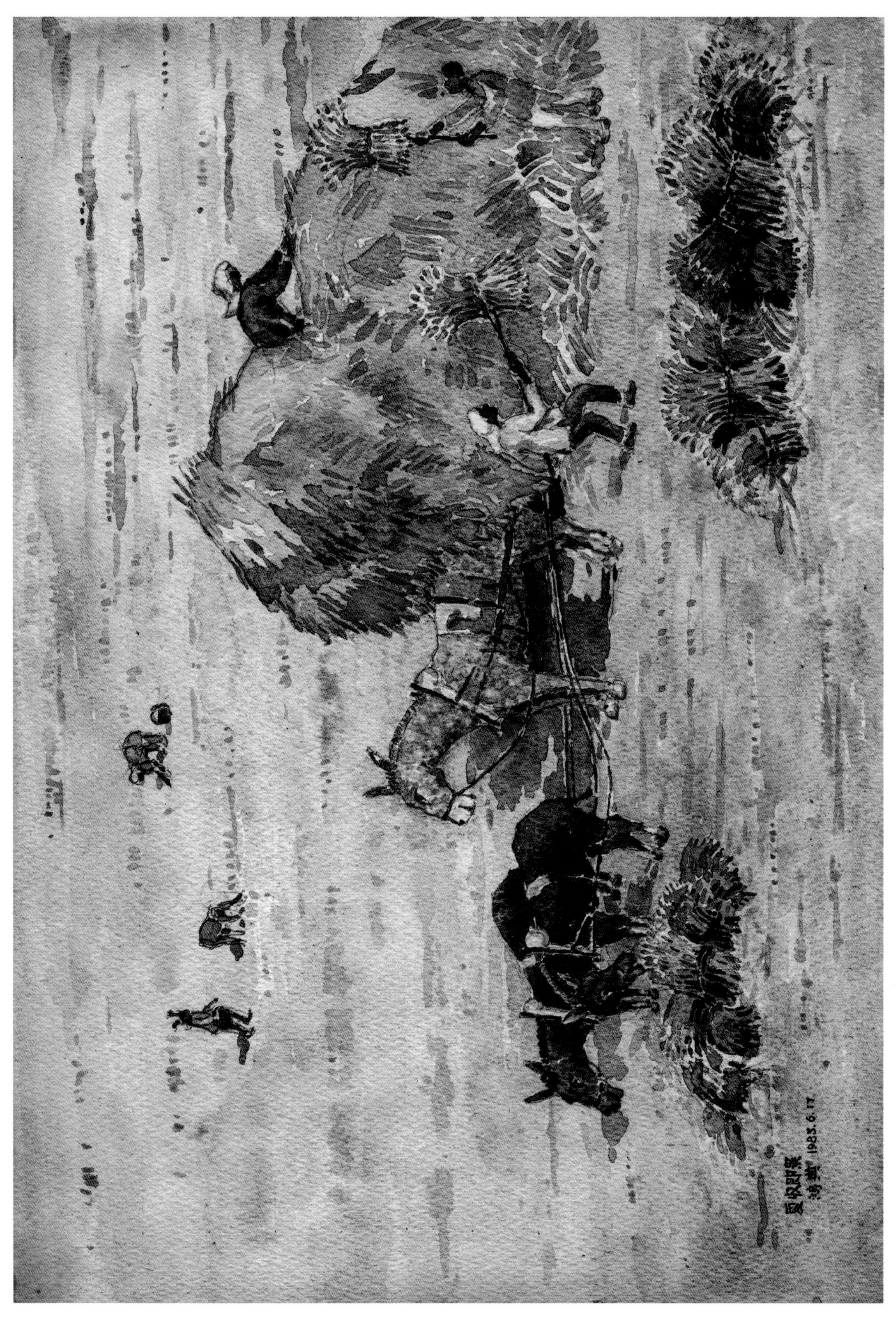

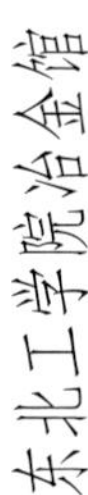

东北工学院冶金馆

图版一八 作品集 / 写生

前上海市中心图书馆

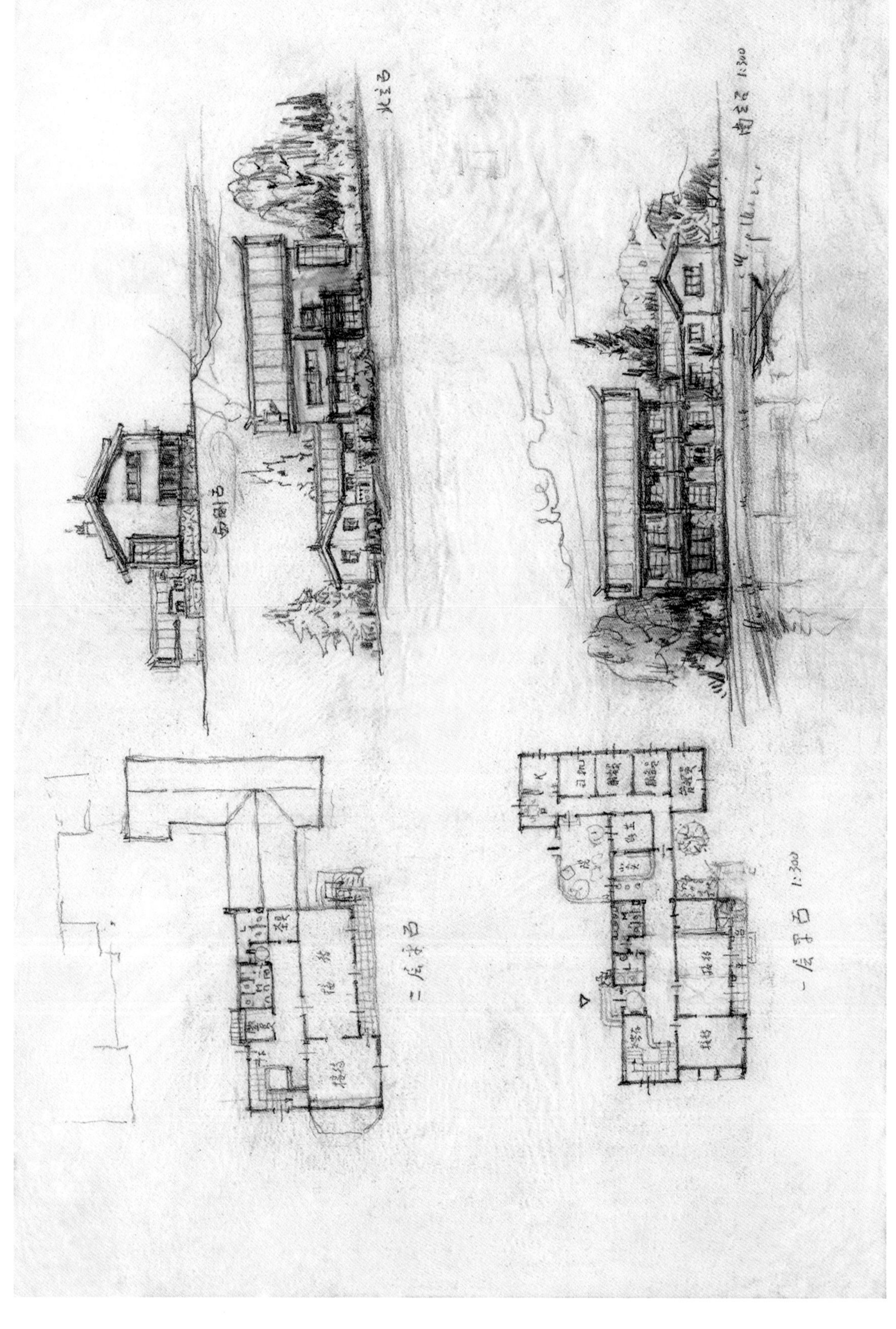

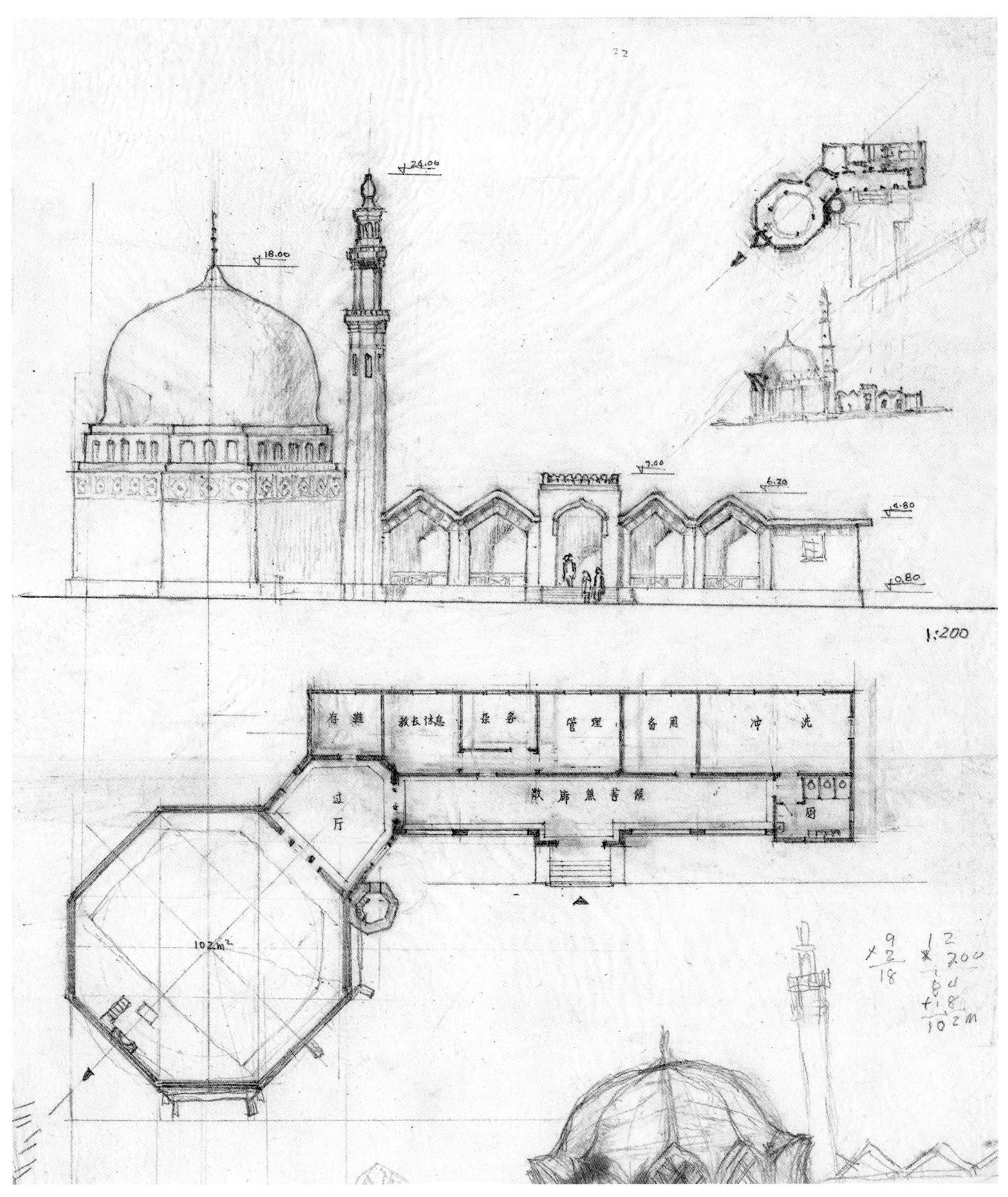
24.00
18.00
7.00
6.70
4.80
0.80
1:200
存鞋
教长休息
杂务
管理
备用
冲洗
过厅
厨
102m²

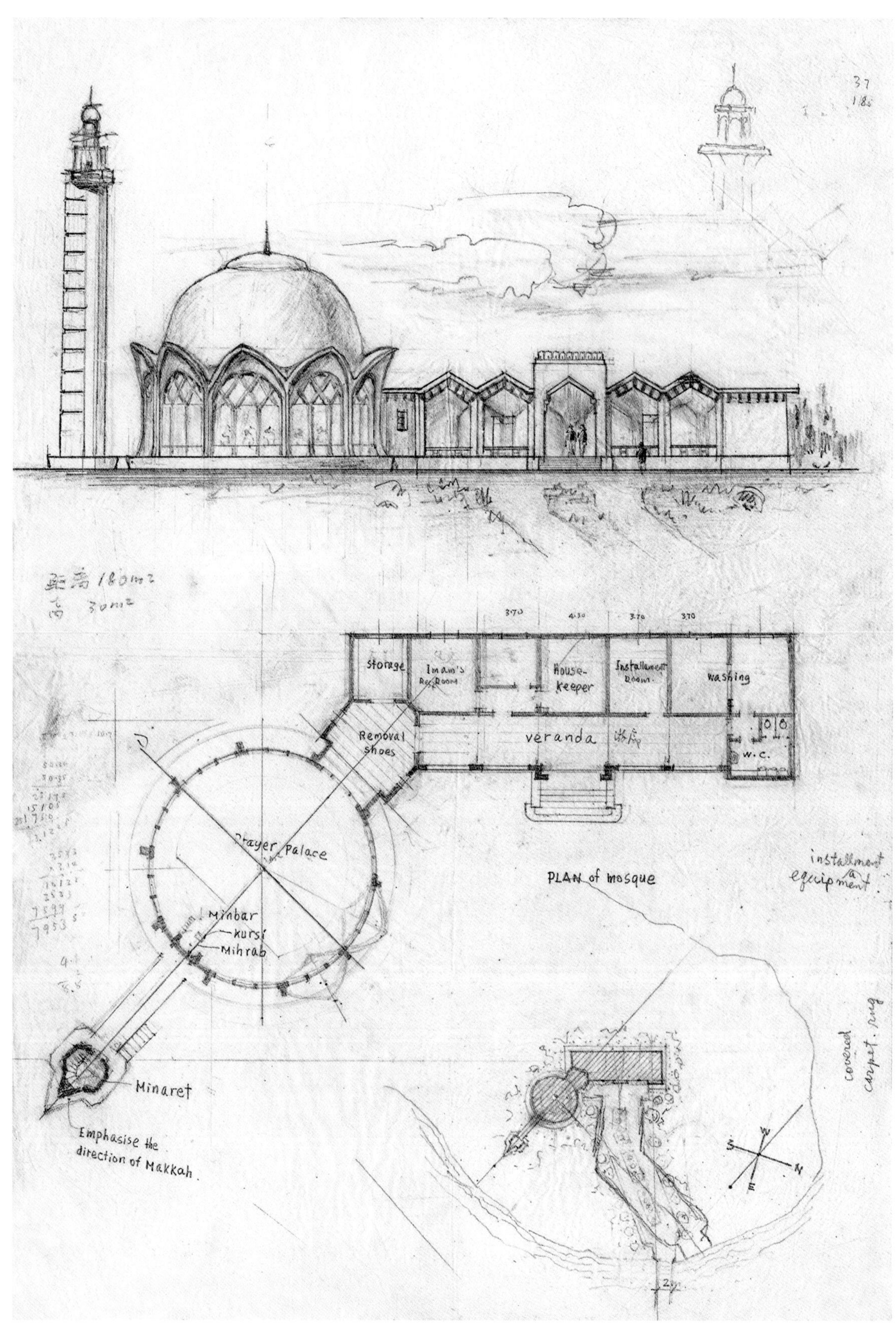
Storage
Imam's Rest Room
House-keeper
Installment Room
Washing
Removal shoes
veranda
W.C.
Prayer Palace
Minbar
Kursi
Mihrab
Minaret
Emphasise the direction of Makkah
PLAN of mosque
installment equipment
covered carpet. rug
S
W
N
E

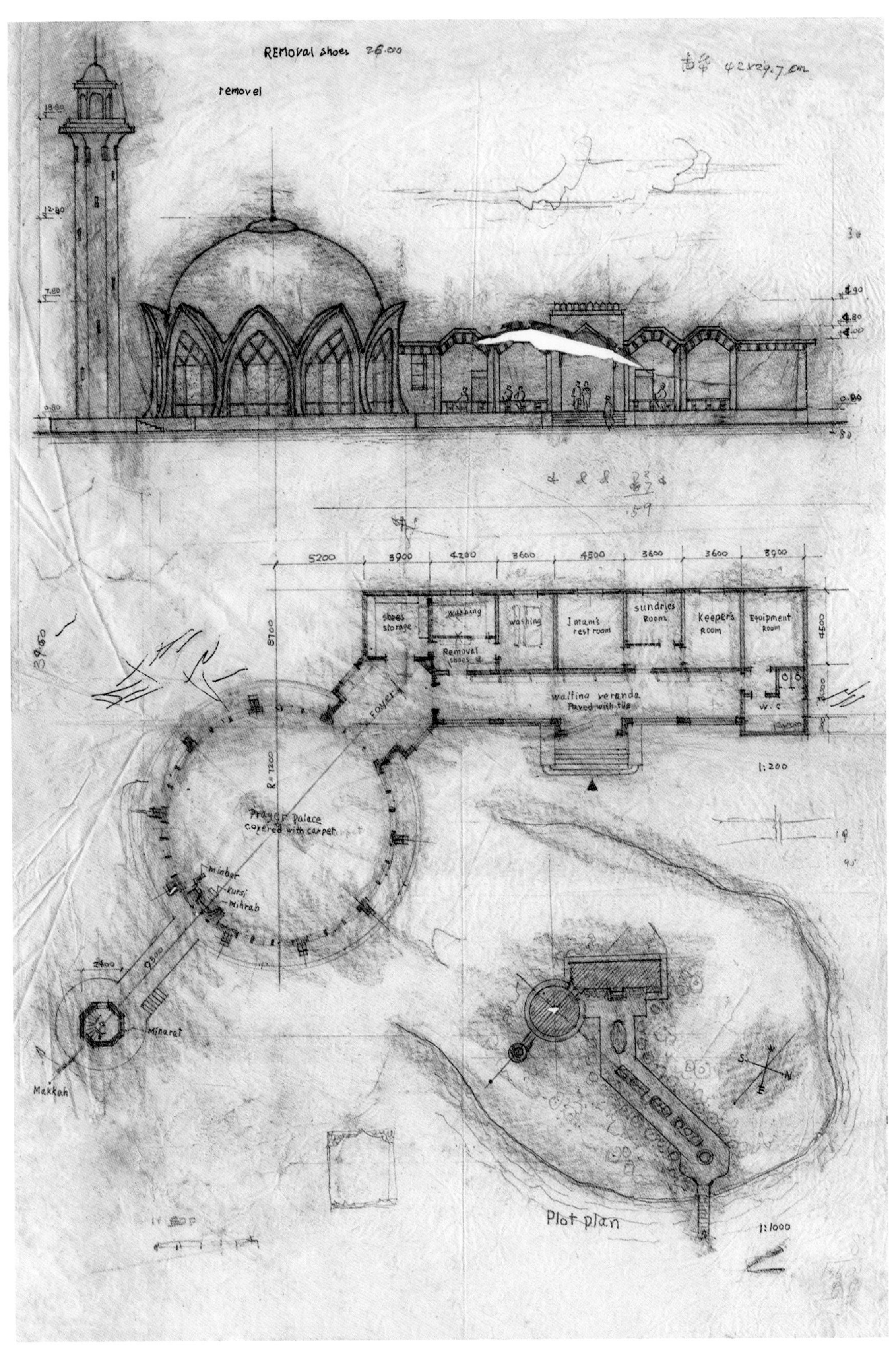
REMOVal shoes 26.00
removel
Prayer palace
covered with carpet
minbar
kursi
mihrab
Minaret
Makkah
shoes storage
washing
washing
Imam's rest room
sundries Room
Keeper's Room
Equipment Room
waiting veranda
Paved with tile
Foyer
W.C
1:200
Plot plan
1:1000

东北工学院宿舍楼

东北工学院冶金馆

图版二六 市政厅建筑资料笔记

各国市政厅照片

1. 荷兰、希尔弗萨姆市政厅

建筑师：W.M.杜多克.

以塔楼为构图的重点，垂直线、水平线和平面形成取得的微妙均衡。

① 公共建筑设计原理 P.83.

② 构图原理（南工编）图81.

2. 加里福尼亚州，弗雷斯诺，市政厅

建筑师：佛兰克林和库普

构图原理（南工编）

图289.

庄严、开敞，永久性材料以及不规则的对称，

共同产生适合卓越的二十世纪的公共建筑性格。

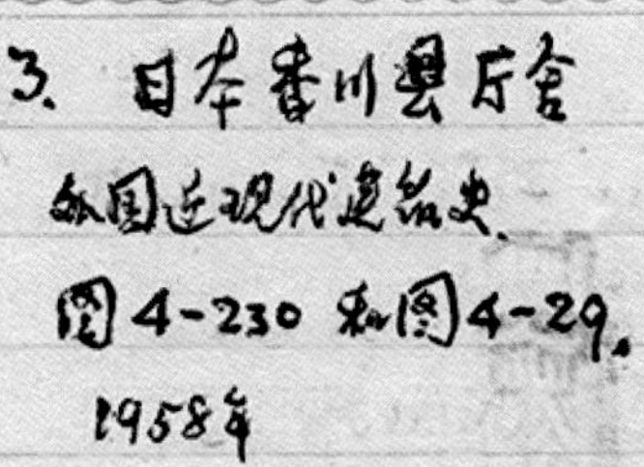
3. 日本香川县厅舍

外国近现代建筑史，

图4-230 和图4-29。

1958年

战后日本建筑中出现一种县、市厅舍（办公楼）的类型。这种厅舍一般可分为大、中、小三种，内容都有三部分。即：一、内部办公部分；二、市民活动部分；三、市会议场。属大型厅舍如丹下健三1955年设计的东京都厅舍，1958年造的香川县厅舍（图4-29），该厅舍外廊露明的钢筋混凝土梁头应用了日本传统的木构手法，是对开拓民族风格的一种尝试。

4. 日本大阪府枚冈市厅舍
外国近现代建筑史
图4-30，1964年

这是个小型厅舍，建于1964年。该厅舍用钢筋混凝土曲线屋顶模拟民族形式，这也是对创造民族风格新的探讨。

5. 加拿大多伦多市政厅大厦
图4-127，P.185.

建于1963～1968年，是二座平面呈新月型形的高层建筑，分别为31层，高88.4m，与25层高68.6m，创造了曲面板型高层建筑的新手法。

6、日本 仓敷市厅舍

建于1960年，图4-198，P.247

用丸泥模拟传统井干式仓库造型，既强调横梁又有直柱的构图都顺显着日本民族风味。

4-2 市政厅 municipal hall

内容提要：特点、设计要求、内容组成、主要厅堂设计。

战后日本建筑中出现一种县、市厅舍（办公楼）新类型，这种厅舍一般可分为大、中、小三种，内容都有三部分，即：①内部办公部分；②市民活动部分；③市会议场。

外国近现代建筑史 P128.

图版三〇　市政厅建筑资料笔记

战后日本在县、市厅舍（市政厅）的建筑设计中出现一些新类型，其中有的对开拓新民族风格进行了探讨。这种厅舍，其中大型厅舍除上述丹下健三1955年设计的东京都厅舍，还有1958年建造的香川县厅舍，以及阪仓准三1961年设计的吴市厅舍。其中香川厅舍外廊露明的钢筋混凝土梁头应用了日本传统手法，是对开拓民族风格的一种尝试。

中型厅舍如1954年建造的清水市厅舍，1962年建的江津市厅舍。小型厅舍如1960年建的仓敷市厅舍，1964年建的大阪府枚冈市厅舍。其中枚冈市厅舍用钢筋混凝土曲线屋顶模拟民族形式，和仓敷市厅舍用水泥模拟传统井干式仓库造型，都是对创造民族新风格的探讨。

战后日本在县、市厅舍（市政厅）的建筑设计中，出现一些新的设计手法，有的对开拓新民族风格进行了探讨。例如丹下健三于1958年建造的香川县厅舍，外廊露明的钢筋混凝土梁头采用了日本的传统手法；1964年建造的大阪府枚冈市厅舍，采用了钢筋混凝土曲线屋顶模拟民族形式。这都是打破传统的设计手法，而对创造民族形式进行了尝试。

例如：多伦多市政厅，设计中是两座平面呈新月形的分别高低的高层建筑，中间环抱一个低平的圆形小体部，前面是一排空透的游廊，加上主体檐线条的大面积玻璃窗，构成一个优美活泼的、富于变化的高层的新市政厅的建筑风格。

参考书目：《外国建筑史》陈志华著，1962年中国工业出版社出版。

《外国近现代建筑史》同济、清华、南工、天大四院校编著 1982年中国工业出版社出版。

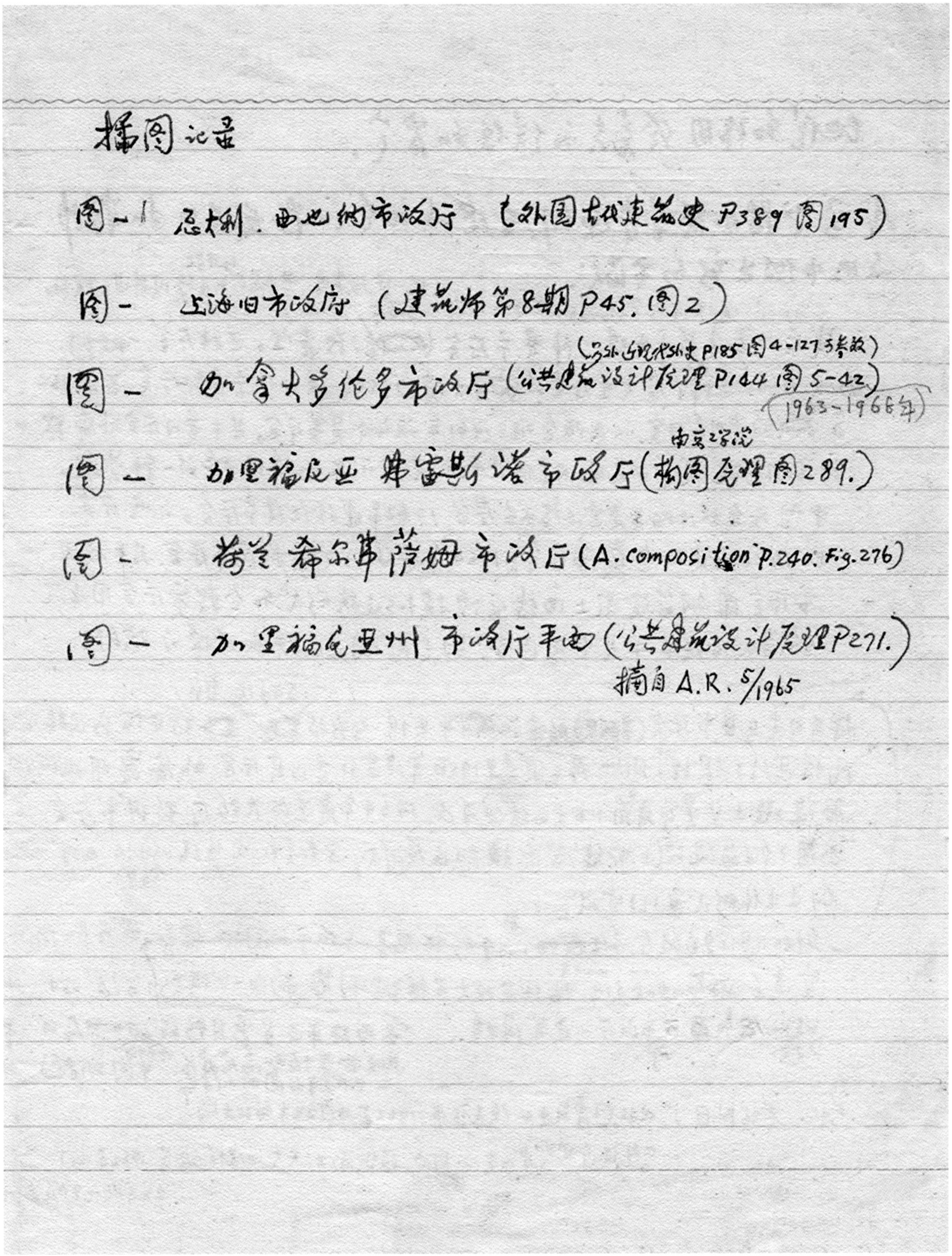

插图记录

图一1 意大利.西也纳市政厅 (《外国古代建筑史》P389 图195)

图一 上海旧市政府 (建筑师第8期P45.图2)

(另外近现代外史P185 图4-127.5参改)
图一 加拿大多伦多市政厅(公共建筑设计原理P144 图5-42)
(1963~1966年)

南京工学院
图一 加里福尼亚 弗雷斯诺市政厅(插图原理图289.)

图一 荷兰 希尔弗萨姆市政厅(A. composition P.240. Fig.276)

图一 加里福尼亚州 市政厅平面(公共建筑设计原理P271.)
摘自A.R. 5/1965

图版三二　市政厅建筑资料笔记

市政厅成为市民代表作之一

P.424

图317

建筑的发展和社会的发展有着千丝万缕的联系，近现代建筑无数地反映当时社会历史条件的特点。（P1. 概述）

P.29. 三、"花园城市"

十九世纪末英国政府以"城市改革"与"解决住房问题"，接受英国社会活动家霍华德（E. Howard）进行城市调查和提出志治方案。霍氏于1902年再版的《明日的花园城市》其中有他的设想方案，有六条36m宽的放射大道从圆心放射出去，市中心区中央为一片地2.2公顷的圆形中心花园，围绕花园四周布置大型公共建筑，如市政府、音乐厅、剧院、图书馆、博物馆、画廊以及医院等

P.30

医院

图书馆

画廊

剧院

市政厅

音乐厅

大中心公园

"花园城市"

尼德兰北部的荷兰共和国，这是世界上第一个资产阶级的国家。而南方仍然在西班牙统治下。

荷兰在获得独立建立了当时最先进的社会制度后，经济发达很快，成为欧洲最强大的海上贸易霸主。……它的城市一天天阔气起来，于是忙着建造市政厅、交易所、钱庄、行会大厦等等。

这儿没有象意大利的圣彼得教堂或法国的凡尔赛宫那样庄严宏伟的宫殿和教堂，不过却有成就很高的市民建筑。

到了十六世纪中叶，意大利和法国的文艺复兴的建筑式样才被大量介绍过来。这时候在一些城市里建造了资产阶级自己的市政厅，如……，它们都模仿着意大利式样，这种式样是资产阶级所喜欢的。

安特卫普的市政厅（Antwerp, 1561年）是尼德兰十六世纪建筑物中代表性的。它比意大利十六世纪建筑开朗、亲切，它比法国十六世纪建筑明确、大方，意大利和法国这时期的建筑是有贵族气的，而尼德兰的，则是市民气的。

P.217 市政厅和剧院以它们宽敞的内部对着城市的街道和广场，它们体现着城市资产阶级的先进思想，这是当时的意大利、法国和西班牙的建筑都不曾达到的。

十七世纪荷兰建成了资产阶级国家后，城市里更加兴奋地建造它们的市政厅和交易所。

外国近现代建筑史 P.59.

第三章. 第三节 战后初期的建筑潮流. (编写人 吴焕加)

战后初期，古典复兴的建筑仍然相当流行。特别是纪念性建筑和政府性建筑表现尤为突出，

把不同时代和不同地区的建筑样式凑合在一座建筑中的折衷主义建筑不断出现。1923年落成的斯德哥尔摩市政厅（The City Hall of stockholm）是一个很有名的例子。建筑师奥斯特伯格（Ragnar Ostberg）在这个建筑物中采用了包括希腊的、罗马的、拜占廷的、威尼斯的、罗曼的、哥特的以及文艺复兴等不同时代和不同地区的建筑式样。设计出了这座折衷的浪漫主义的作品。建筑师的技巧是很高明的，建筑的形象也很优美，但无论如何，这座市政厅的设计思想是向后看的，它缺少新的时代气息。

写市政厅这类建筑的内容（设计要求）

应当反映：（市政厅是城市的代表作之一）

1、在一个城市中的建筑要有代表性，表现在建筑质量上。

…………艺术上（开朗、亲切。）

2、在布局上一般居于城市的中心区。

资本主义（经济）不发达的后果是城市的经济性建筑物很少。因此，政府方面的建筑类型是比较发达的。外古史 P.210

外古史 P.216.

第三节 尼德兰的十六—十七世纪建筑

十六世纪尼德兰是西欧经济最发达地区。人口稠密，有三百多个城市和六千五百个村镇。大规模的资本主义手工工场和农村的小手工业在这里发展起来。尼德兰中部城市安特卫普是欧洲贸易和殖民地贸易的主要中心之一。

1566年，尼德兰爆发了资产阶级革命，经过残酷的斗争，终于在1597年成立了

图版三四　市政厅建筑资料笔记

康宾尼市政厅建比同时期意大利的市政建筑物要丽得多(P.175 建89)

康宾尼市政厅

图186

外古建史 P.118–119.

在12–15世纪 法国的建筑活动：城市经济发达的结果是城市建设的繁荣，在城市里出现了市政厅、法庭、旅馆、府邸和工匠行会的作坊兼住宅。

比较好的城市公共建筑物大都在15世纪之末。著名的有鲁昂的市政厅、鲁昂的法庭。康宾尼(Compiegne)的市政厅等。P.124 图186

P.127. 意大利的十二—十五世纪建筑

在意大利北部的市民们的兴趣并不集中在建筑教堂上，这时期内城市的公共建筑比教堂更重要，更有成就。市民们用市政厅而不用教堂来装饰他们的城市。这是很重要的进步现象。市政厅，实际上是国家的政府和议会大厦。

在这时期内，意大利城市中的世俗建筑特别丰富，建造了市政厅、宫殿、府第邸、钟塔、喷泉和广场敞廊。

在一些比较富有的城市里，市民们热爱自己的城市，力求把它打扮得漂亮一些。每个城市公社都想在公共广场和市政厅的建筑方面胜过别人。

市政厅常在广场的一边，三或四层，有很大的檐口，和它们的严肃厚重的体积相对比的是它们的瘦高的钟塔，这些钟塔往往是城市中心广场的标志，它的外部构图中心，而市政厅则是广场内部构图中心。

这一类建筑物中较著名的有佛罗伦萨的市政厅和广场(1298–1314年)、西也纳的市政厅和广场(书上389页，图195 意大利，西也纳市政厅)。

12–15世纪

开展世俗和宗教建筑 —住宅，旅舍

医院，行会大楼

图195

第十七章 意大利文艺复兴时期的建筑

图234 意大利 维罗纳市政厅
P.399

P.158

在威尼斯和它附近的其它城市里，也有不少好的建筑物.

在公共建筑中比较值得注意的是北部城市里的市政厅. 这些市政厅面临城市广场. 往往是两层的, 底层是非常轻快的券廊. 这券廊通常是为召开市民的政治性集会用的. 市议会在这儿向群众宣布决议. 有时候办公事的市民也可以在廊子里休息. 遇到集市的日子. 商人们在这廊子里摆摊子. 也反映了北部城市的政治与经济特色.

其中比较出色的有维罗纳市政厅. 它的敞廊是科林斯柱式的连续券. 二层有四个双连窗, 安排得很匀称。整个立面是和谐的, 很安静。墙上满布着灰塑图案和刻粉画, 细巧精致。它是乔康多(1435～1515年)设计的。

一些城市为适应商业繁荣做了些市政工程和局部的改建, 桥梁建筑这时候就有不少很好的作品. 如拉服的桥 (Lavaur, 1769年).
P.269

对于功能比较复杂, 性格上不那么严肃隆重的公共建筑, 就不一定采用对称式平衡的体量组合, 根据需要可以运用不对称式平衡的体量组合方法。例如荷兰的希尔佛逊市政厅是以不同高低大小纵横交错的体量组合, 取得不对称均衡效果的著名例子(图3-82) P.83.

图版三六　市政厅建筑资料笔记

折衷主义——曾任意模仿历史上的各种风格，或自由组合各种式样，所以也被称为"集仿主义"。P.14. 19世纪中叶以法国最为典型，19世纪末与二十世纪初又以美国为突出。

芝加哥学派，——首先突出了功能在建筑设计中的主要地位，明确了功能与形式的主从关系，力求摆脱折衷主义的羁绊，为现代建筑探索了道路。其次，探讨了新技术在高层建筑中的应用，并取得了成就，因此使芝加哥成了高层建筑的故乡。第三是建筑艺术反映了新技术的特点，简洁的立面符合新时代工业化的精神。P.47.

P.52. 法国建筑师戛涅所作的假想城市中心的市政厅、底层开敞的集会厅与中央铁路车站方案……

第三节　战后初期的建筑潮流．　P.59.（近现代外建史）

战后初期，古典复兴的建筑仍然相当流行。纪念性建筑和政府性建筑不用说，就是一些大银行……也继续使用古典柱式把自己装扮起来。

把不同时代和不同地区的建筑样式凑合在一幢建筑之中的折衷主义建筑也不断出现。1923年落成的斯德哥尔摩市政厅（The City Hall of Stockholm）是一个很有名的例子。建筑师奥斯特伯格（Ragnar Ostberg）在这个建筑物中采用了包括希腊的、罗马的、拜占庭的、威尼斯的、罗曼的、哥特的以及文艺复兴等不同时代和不同地区的建筑式样。设计出了这座折衷的浪漫主义作品。建筑师技巧是很高明的，建筑的形象也很优美，但缺少新时代气息。

P64. 第四节 新建筑运动走向高潮.

提出三个现代派代表人物：德国的格罗皮乌斯和密士.凡.德.罗，法国的勒.柯布西耶。格罗皮乌斯创办了"包豪斯"学校。

二十年代末期现代建筑思潮表现在生产性建筑、大量性住宅和公用为主的公共建筑如电影院、学校、体育馆、科学实验楼、图书馆、百货公司等建筑类型中的影响迅速扩大。

P.75. 格罗皮乌斯坚决同建筑复古主义思潮论战。他说："我们不能再无休止地一次又一次复古。建筑不前进，要则就要枯死。它的新生命来自过去两代人的时间中社会和技术领域中出现的巨大变革。……建筑没有终极，只有不断的变革"。他又讥讽建筑中复古主义者"把建筑艺术同考古学混为一谈"。他进一步指出："历史表明，美的观念随着思想和技术的进步而改变。谁要是以为自己发现了'永恒的美'，他就一定会陷于模仿和停滞不前。真正传统是不断前进的产物，它的本质是运动的，不是静止的，传统应该推动人们不断前进"。他也曾说过："现代建筑不是老树上的分枝，而是从根上长出来的新株"。

一个人的观点总是反映着时代和环境的烙印。

不论是住宅、店铺、或是市政厅，都喜爱用哥特式或巴洛克式的尖塔和尖顶做装饰，用上些窗子、楼梯间、老虎窗子、门廊之类，这些细巧、精致、复杂的小塔和尖顶很突出地出现在比较朴素的建筑物上，有极强烈的装饰效果，表现出市民们在建设资金条件许可下美化生活的朴实的愿望，很感动人。

图版三八 《中国大百科全书·建筑学》“建筑设计条目·市政厅”手稿

中国大百科全书·建筑学

建筑设计条目

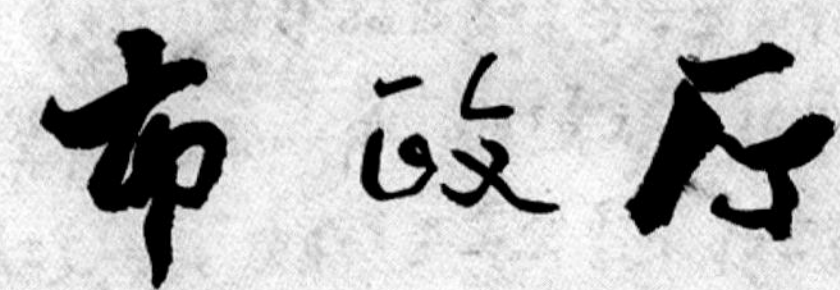

撰写人 刘鸿典

《中国大百科全书·建筑学》“建筑设计条目·市政厅”手稿 图版三九

西安冶金建筑学院稿纸 第 1 页

4-2 市政厅《Municipal Hall》

市政厅亦称市政府，它是属于办公类公共性建筑，它是历代城市建设和管理的主管机构，对这种建筑的设计和建造往往为市民们所关注，特就有关主要问题阐述如下：

一、市政厅的特点

1. 从世界发展史来看，市政厅的出现和发展是同当时城市政治、经济的进步与繁荣密切相关。在公元12－15世纪，意大利和法兰西先后出现以手工业和商业为中心的城市，为适应城市生产、生活的需要，加强城市管理和公共设施，首先在意大利兴建了较著名的佛罗棱萨市政厅和广场(Palazzo-Vecchio 1298-1314)与西也纳的市政厅和广场(Palazzo-Pubblico，图-1)。

2. 市政厅不同于一般地方上的行政机关，它是面对城市、面对市民，广泛联系群众的

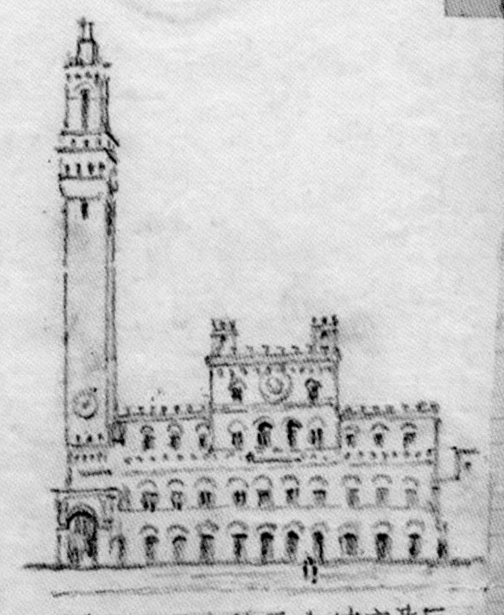

图-1 意大利西也纳市政厅

20×20=400.

图版四〇 《中国大百科全书·建筑学》“建筑设计条目·市政厅”手稿

场所。例如：日本的市政厅和美国加里福尼亚州市政厅都设有市民公共活动的场所（图-4）。这种重视和接近市民的传统，还可追溯到15-16世纪，在威尼斯北部城市里，面临着广场兴建的市政厅，往往是二层楼，底层作成非常轻快的券廊，通常在廊内召开市民政治性的集会；前来等待办公事的市民可在廊内休息；逢到集市的日子，商人们还可在廊内摆摊子。这也反映了当时这些城市的政治与经济的特色。

3. 市民们热爱自己的城市，往往把市政厅作为市容的代表，它象征着一个城市的政治、经济、文化的进步与繁荣。因而，在建筑质量上有较高的要求，在布局上一般多居于城市中心广场。例如单从建筑来看：我国解放前(1934年)在上海江湾新辟的市中心区建造的市政府（图-2），采用钢筋混凝土框架结构，宫殿式绿琉璃瓦屋顶，梁柱、额

图-2 原上海市政府

枋、斗拱均做油漆彩画，是一栋具有民族特色、质量较高的市政厅类的建筑。战后日本建筑一些市政厅，在艺术处理上，也力求开拓具有民族风格的尝试，以便突出市政厅建筑的特色。另外，在建筑体量上，除早期美国纽约市政厅属于高层建筑外，加拿大(1963-1968)建造了多伦多市政厅大厦，是两座平面呈新月形的高层建筑，分别为31层和25层，它创造了曲面板型高层建筑的新手法(图-3)。这些例子都说明对市政厅这类建筑，在质量上、美观上力求有所创造，达到新颖出众的目的。

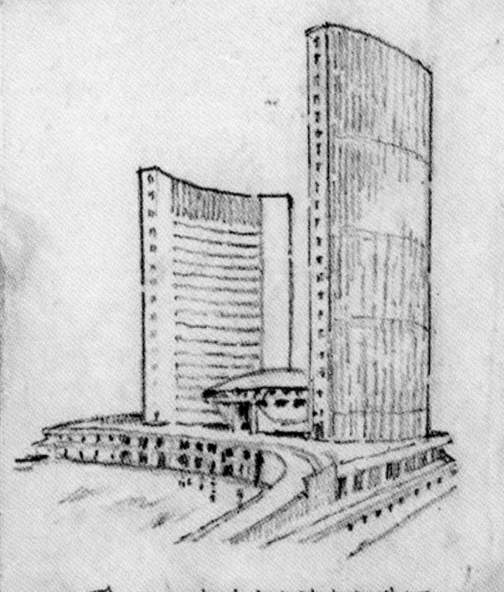

图-3 加拿大多伦多市政厅

二、内容组成

就国外资料来看，战后日本建筑中出现一种县、市厅舍新类型。这种厅舍一般可分为大、中、小三种，内容都有三部分，即：一、内部办公部分；二、市民活动部分；三、市会议场。如东京都厅舍、江津市厅舍和大阪府枚冈市

图版四二 《中国大百科全书·建筑学》“建筑设计条目·市政厅”手稿

厅舍等分别可代表大、中、小三种类型。图-4是美国一个州的市政厅平面图，从中可以看出其内容组成，主要也可概括为上述三个部分。根据我国实际情况，在建筑规模上也可把市政厅分为：直辖市、省会所在市、地区所在市的大、中、小三种类型。在内容组成上，由于我国是社会主义国家，以国营经济为主导，因此在市政厅内须设有较多的管理机构，如各种“局”、“委”、“办”等，因而在组成上需要：(1)大量的市、局、委各种办公室；(2)人大常委会办公室；(3)大会议厅(堂)和较多的中、小会议室；(4)少量的接待、休息室；(5)餐厅、厨房；(6)辅助用房(汽车库、锅炉房、储藏室等等)。

1. 会议厅
2. 立法办公室
3. 行政办公室
4. 会议和午友室
5. 公共活动部分
6. 服务院子

0 10 20 30

图-4 加里福尼亚州 市政厅平面

摘自A.R. 5/1965

三、设计要求

1、选地——根据市政厅建筑的特点要面对城市，面对市民；而且作为一个城市的市容代表，这就很自然地选择在城市中心和广场周围进行建造为宜。但也可选择在环境开阔，交通方便的政治、文化区，尽量避免建在繁华的商业区，更不能建在工业区。

2、单体设计——如上所述市政厅建筑设计，在体量上宜具有市容的代表性，在布局上宜使市民易于接近，在艺术处理上要表现出为人们喜闻乐见的建筑形象。因而，一般偏重于窗口开敞，色调明亮，表现出开朗、亲切的气氛。在体部组合上要活泼匀称，外表朴素而不枯燥，看起来使人愉快。具体的建筑形式可不拘一格，如陕西省咸阳市政府（图-5）是对称式的单一体部，整个正面采用竖线条壁柱，顶部挑出厚实大檐，中间入口设开敞的门廊，共同产生了既开朗又庄严的公共建筑性格。但当功能组合比较复杂时，就不一定追求严肃隆重的气

图-5 咸阳市政府 建筑面积 5,700M² 1974年建

图版四四　《中国大百科全书·建筑学》“建筑设计条目·市政厅”手稿

西安冶金建筑学院稿纸　第 6 页

氛，可根据需要运用不对称求平衡的体量组合方法。例如：早期荷兰的希尔弗萨姆（Hilversum）市政厅（图-6）是以塔楼为构图的支点，不同高低大小的垂直线、水平线纵横交错的体量组合，成为不对称取得均衡的著名实例。总言之，对建筑物究竟采取哪种形式，要根据具体基地情况和功能要求综合分析，才能作出合乎理想的方案。

图-6　荷兰希尔弗萨姆市政厅

1982.12.19 初稿

净有字数＝1694字

插图＝6幅

20×20＝400

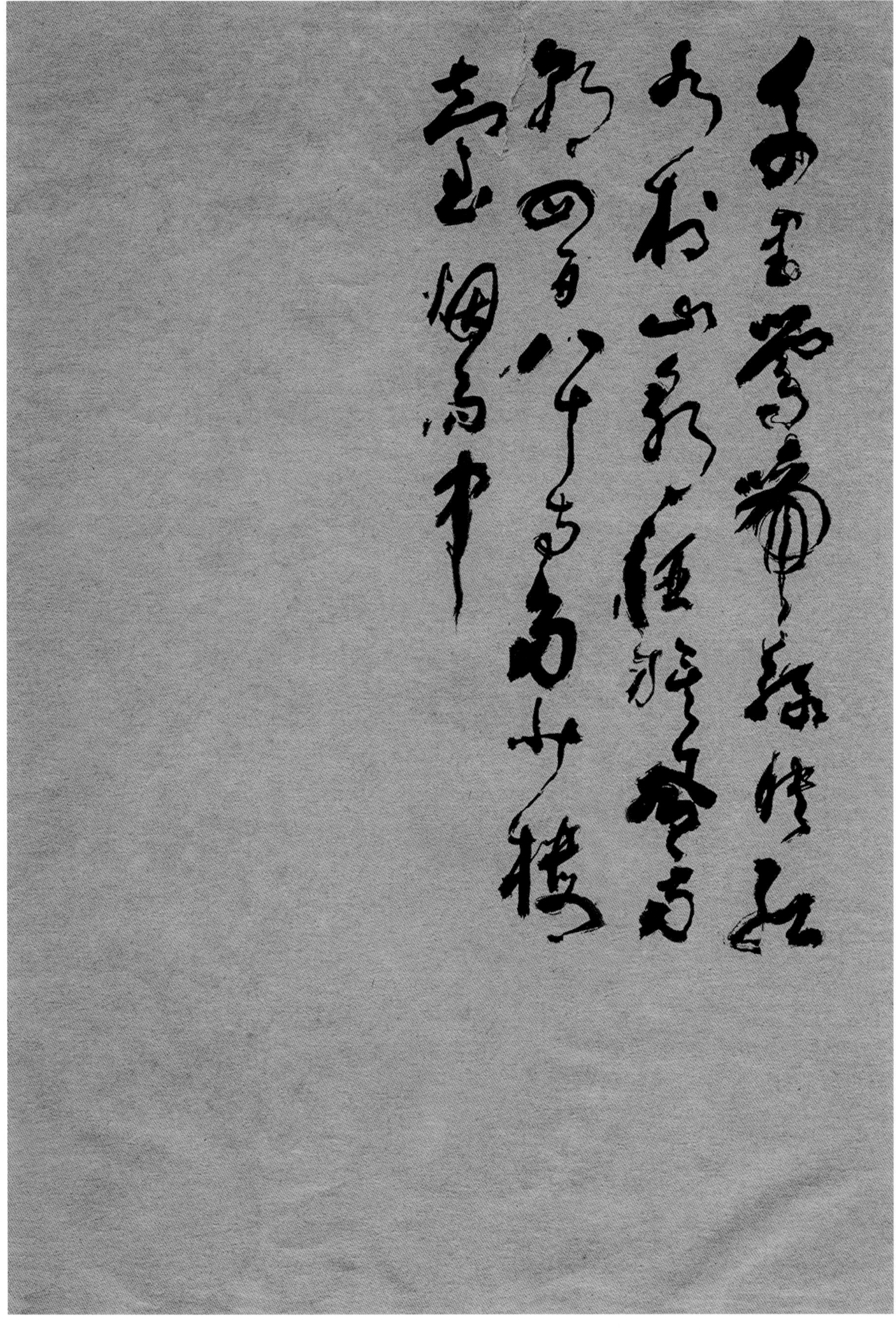

图版四六　书法手稿

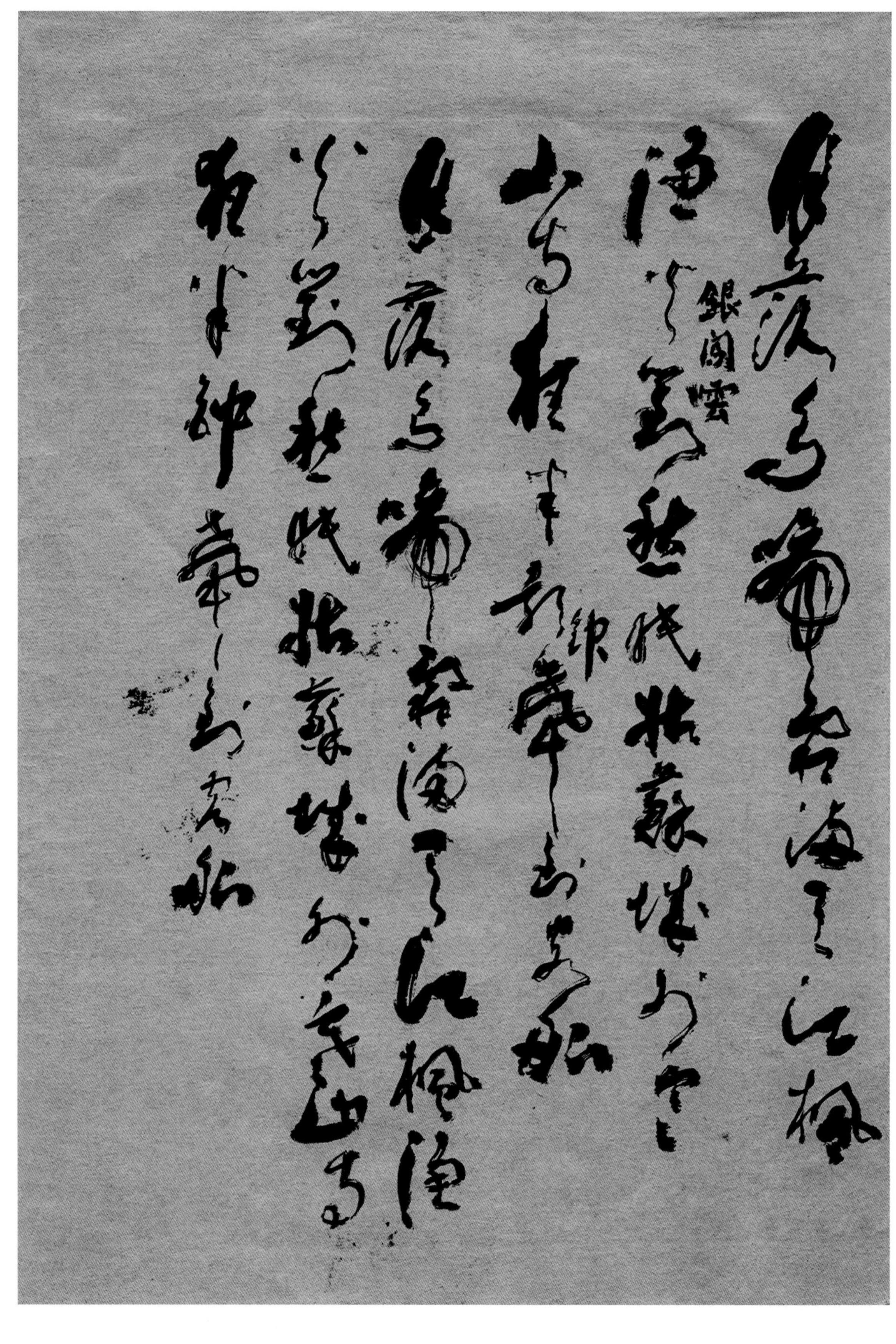